DIE ROTE CHILE-VOGELSPINNE
GRAMMOSTOLA ROSEA
+ ANDERE GRAMMOSTOLA-ARTEN

Boris F. Striffler

W0059565

Die rote Form von *Grammostola rosea* (hier ein Weibchen) stammt aus dem Matorral Chiles südlich von Santiago.

REPTILIA ®D

TERRARISTIK - FACHMAGAZIN

Skorpionskrustenechse

Gefleckter Zwergpython

Chinesische Bergagame

Futtertierzuchten

Einzelheft: 5,80 € · Abo Inland: 32,40 € · Abo Ausland: 42,30 €
Zweimonatlich

Natur und Tier - Verlag GmbH
An der Kleimannbrücke 39/41, 48157 Münster
Telefon: 0251-13339-0, Fax: 13339-33
E-Mail: verlag@ms-verlag.de, Home: www.ms-verlag.de

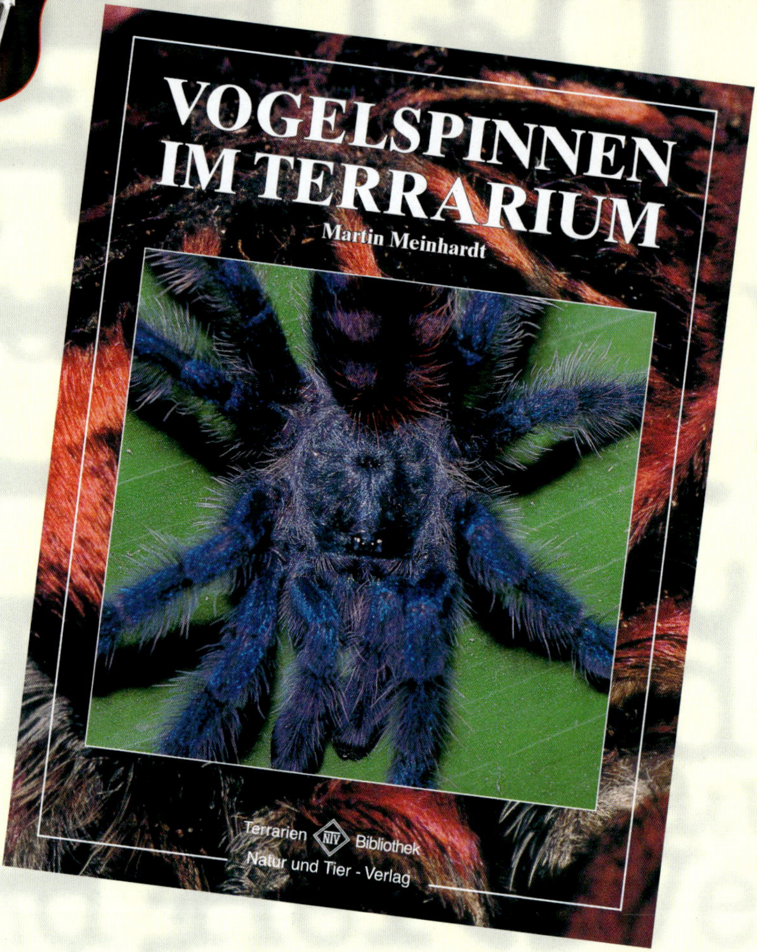

Vogelspinnen im Terrarium

Martin Meinhardt

128 Seiten, 106 Abbildungen, Format: 16,8 x 21,8 cm

ISBN 3-931587-99-1

19,80 €

Fordern Sie unseren kostenfreien Gesamtprospekt an!

Natur und Tier - Verlag GmbH

An der Kleimannbrücke 39/41

48157 Münster

Telefon: 0251-133390 · Fax: 13339-33

E-Mail: verlag@ms-verlag.de · Home: www.ms-verlag.de

Inhalt

Bildnachweis:
Titel: *Grammostola rosea*, Weibchen
Kleines Bild: Chelizeren eines Weibchens
Seite 1:   *Grammostola rosea*, Männchen
Alle nicht anders gekennzeichneten Bilder stammen vom Autor

Die in diesem Buch enthaltenen Angaben, Ergebnisse, Dosierungsanleitungen etc. wurden vom Autor nach bestem Wissen erstellt und sorgfältig überprüft. Da inhaltliche Fehler trotzdem nicht völlig auszuschließen sind, erfolgen diese Angaben ohne jegliche Verpflichtung des Verlages oder des Autors. Beide übernehmen daher keine Haftung für etwaige inhaltliche Unrichtigkeiten.
Alle Rechte, insbesondere das Recht der Vervielfältigung und Verbreitung sowie der Übersetzung, vorbehalten. Kein Teil des Werkes darf in irgendeiner Form (Druck, Fotokopie, Mikrofilm oder andere Verfahren) ohne schriftliche Genehmigung des Verlages reproduziert oder unter Verwendung elektronischer Systeme verarbeitet, gespeichert oder vervielfältigt werden.

ISBN 3-937285-41-5

© 2004   Natur und Tier - Verlag GmbH
         An der Kleimannbrücke 39/41
         48157 Münster
         www.ms-verlag.de

Geschäftsführung: Matthias Schmidt
Lektorat: Heiko Werning & Kriton Kunz
Layout: go autark – rupp & hogeback GbR
Druck: Druckhaus Fromm, Osnabrück

Vorwort

NACHDEM

im ersten Vogelspinnen-Buch der Reihe „Art für Art" die wohl bekannteste Vogelspinne, *Brachypelma smithi,* vorgestellt wurde (STRIFFLER 2004), soll in diesem Band *Grammostola rosea* ausführlich behandelt werden. Die Rote Chile-Vogelspinne ist vielleicht die am häufigsten angebotene Vogelspinne im Zoohandel.

Wenn in einem Zoofachgeschäft – sollte es auch noch so klein sein – Vogelspinnen angeboten werden, so handelt es sich meist um die bunte und verhältnismäßig teure Art *Brachypelma smithi* und die deutlich günstigere, fuchsrot über bräunlich bis grau gefärbte *Grammostola rosea.* Die meisten Exemplare der letztgenannten Art sind leider immer noch Wildfänge, die direkt aus Chile oder Argentinien

Im direkten Vergleich sieht man gut die farblichen Unterschiede zwischen den beiden Farbformen von *Grammostola rosea,* rechts die rote Form (RF) und links die braune Form (BF).

importiert werden. Aufgrund der nachhaltigen Zucht vieler Vogelspinnenarten – manche im Handel verfügbaren Spezies gehen z. T. nur auf einen einzigen Import weniger Tiere zurück – fragt man sich, warum nur so selten Nachzuchten von *Grammostola rosea* angeboten werden.

Im Grunde genommen ist auch die Nachzucht der Roten Chile-Vogelspinne relativ einfach zu verwirklichen, berücksichtigt man einige Grundsätze bei der Haltung. Den-

noch hört man häufig, dass es auch nach jahrelanger Pflege trotz erfolgreicher Paarung nicht zum erwarteten Kokonbau kommt. Dieses und weitere „Probleme" in der Haltung von *Grammostola rosea*, wie die typischen Fresspausen, möchte ich in diesem Buch diskutieren.

Als Grundlage dienen meine eigenen Erfahrungen aus gut 20 Jahren Vogelspinnenhaltung sowie (wieder einmal) die Hilfe vieler Kollegen in Bezug auf zusätzliche Aufzuchtdaten und Informationen zum Habitat (siehe Danksagung). Den besten Einblick in die Vogelspinnenhaltung erhält man aber immer noch durch eigene Erfahrungen – einige negative, hauptsächlich auf fehlenden Informationen über Herkunft oder Anatomie beruhend, möchte ich Ihnen aber ersparen. So wollte beispielsweise ein unerfahrener Jugendlicher auf einer Vogelspinnenbörse gerade seine erste Vogelspinne kaufen, eine vermeintlich weibliche Rote Chile-Vogelspinne. Wäre er nicht von einem erfahreneren Halter darauf hingewiesen worden, dass seine zukünftige Spinne, wie die übrigen *G. rosea* an diesem Stand auch, ein erwachsenes Männchen war, so wäre seine erste Erfahrung mit diesen interessanten

Tieren sicher sehr enttäuschend gewesen. Die Spinne wäre dann trotz bester Pflege, optimaler Beheizung sowie ständigen Futter- und Wasserangebotes sehr schmächtig geblieben, eher noch abgemagert und letztlich schon nach einigen Monaten gestorben. Neben einer allgemeinen Einführung zur Haltung und Anatomie der Roten Chile-Vogelspinne für den Einsteiger soll dieses Buch auch als Referenzwerk für den erfahrenen Halter umfangreiche Informationen zum Lebensraum, zu (Paarungs-)Verhalten und Entwicklung bieten. Aber auch, wenn in dem vorliegenden Buch viel Wissenswertes zusammengetragen wurde, so sollte es doch nicht das eigene Beobachten der Vogelspinne ersetzen. Denn nur hierdurch bekommt man ein Gefühl, oder wie man heute zu sagen pflegt: das „richtige Feeling" für die Haltung der Tiere. Man erkennt dann leicht mögliche Änderungen im Verhalten, wie z. B. verstärktes Graben als Vorbereitungen zur Häutung oder zum Kokonbau, Suchen nach Wasser oder Vermeiden zu hoher Temperaturen.

Vor der Anschaffung des Tieres oder spätestens nach der Lektüre dieses Buches sollte sich jeder (zukünftige) Halter bewusst sein, dass eine optimal gehaltene *Grammostola rosea* weder tagsüber immer außerhalb ihres Unterschlupfes zu sehen sein wird, noch ständig umherläuft und versucht, die Scheibe hochzuklettern. Die einzige Ausnahme bilden hier die erwachsenen Männchen, die nahezu rastlos auf der Suche nach einer Geschlechtspartnerin sind. Anderenfalls handelt es sich bei einer permanent im Terrarium umherlaufenden Vogelspinne sehr wahrscheinlich um ein Tier, das nicht richtig gehalten wird und wieder versucht, optimale Bedingungen aufzusuchen.

Neben *G. rosea* möchte ich in diesem Buch auch auf weitere häufiger im Handel angebotene *Grammostola*-Arten eingehen, da sich bisher kaum fundierte Informationen zu deren Lebensraum und Verhalten fanden. Bei der Recherche für dieses Buch wurde auch bald klar, dass viele Halter sich fest auf die Namen verlassen, die der Zoohandel den Spinnen „verpasst", die aber nicht unbedingt mit dem tatsächlichen Namen der angebotenen Art übereinstimmen müssen. Aus diesem Grunde habe ich im Kapitel „Systematik, Taxonomie und Aussehen" kurz die Beschreibung der Färbung der häufig angebotenen Arten tabellarisch zusammengefasst. Diese Tabelle beruht hauptsächlich auf den Arbeiten, in denen die Arten zum ersten Mal beschrieben wurden (sog. Erstbeschreibungen). Auch wenn aufgrund von Färbungen keine Artdiagnosen möglich sind, so deuten doch sehr abweichende Färbungsmuster auf möglicherweise falsche Bestimmungen hin. Um bei der Artbestimmung wirklich sicher zu sein, ist ein Vergleich anhand morphologischer Merkmale, wie Stridulationsorgan (siehe S. 10/11) und Form der Kopulations-/Geschlechtsorgane (siehe S. 23), unabdingbar. Dazu werden z. B. Bestimmungskurse von der Deutschen Arachnologischen Gesellschaft angeboten, in denen man lernen kann, wie man Vogelspinnen mit Hilfe eines Stereomikroskops („Binokular") und eines Bestimmungsschlüssels bestimmt. Ein ausführlicher, illustrierter Bestimmungsschlüssel bis zur Gattungsebene und bei ausgewählten Gattungen auch bis zur Art findet sich in meinem in Vorbereitung befindlichen Buch „Vogelspinnen – Theraphosidae. Systematik, Biologie & Haltung" (Natur und Tier - Verlag).

Auch wenn die Rote Chile-Vogelspinne zu den am häufigsten gepflegten Vogelspinnen zählt, so ist doch immer noch sehr wenig über diese Art bekannt. Beispielsweise ist noch umstritten, inwiefern sie sich von den nahe verwandten chilenischen und argentinischen Arten unterscheidet oder wie lange die Entwicklung in der Natur dauert. Aber auch über die Haltung im Terrarium wurde bisher wenig veröffentlicht. Es gibt also noch viel zu erforschen, auch bei so einer häufigen Vogelspinne wie *Grammostola rosea*, und dazu können auch Sie durch Beobachtungen z. B. von (Paarungs-)Verhalten und Entwicklung im Terrarium sowie Diskussionen mit anderen Haltern beitragen.

Boris F. Striffler
Euskirchen, im Herbst 2004

WUSSTEN SIE SCHON?

MARIA SIBYLLA MERIAN kann man sozusagen als Schöpferin des deutschen Namens „Vogelspinnen" bezeichnen. Nach ihrer Reise ins südamerikanische Surinam veröffentlichte sie im Jahre 1705 einen sehr bekannten Kupferstich. Dieser zeigt eine baumbewohnende *Avicularia* (Rotfuß-Vogelspinne) mit einem erbeuteten Kolibri in dessen Nest sitzend.

Häufig werden Vogelspinnen als Taranteln bezeichnet, jedoch fälschlich, denn bei den echten Taranteln handelt es sich um Wolfsspinnen der Gattung *Lycosa*. Am bekanntesten ist sicher die Apulische Tarantel (*Lycosa tarantula*).

Diese Verwechslung rührt vom nordamerikanischen Namen für Vogelspinnen her: „tarantulas". Der stammt übrigens von italienischen Einwanderern, die im Süden der USA sehr große Spinnen, Vogelspinnen der Gattung *Aphonopelma*, fanden und diese wie ihre großen heimischen Spinnen „tarantula" nannten.

Systematik, Taxonomie und Aussehen

VOGEL
spinnen gehören systemati-

Wie *Grammostola actaeon* weist auch *G. iheringii* eine rote Hinterleibsbehaarung auf.

sch gesehen alle zur selben Familie, den Theraphosidae. Wenn man vielleicht vermutet, dass es in den Tropen „Unmengen" an Vogelspinnenarten gibt, so ist man überrascht, dass die Familie Theraphosidae mit 880 Arten nur knapp 2 % der an die 40.000 bekannten Spinnenarten ausmacht. Im Vergleich: Die Springspinnen (Salticidae) stellen mit mehr als 5.000 Arten alleine bereits 12,5 % aller Spinnen.

Die Familie der Echten Vogelspinnen wird nochmals in zehn Unterfamilien gegliedert. Die ausschließlich amerikanische Unterfamilie Theraphosinae mit so bekannten Gattungen wie *Brachypelma*, *Theraphosa*, *Lasiodora* usw. zeichnet sich neben anderen Merkmalen besonders durch das Vorhandensein von Brennhaaren aus, weshalb diese Vogelspinnen auch gemeinhin als Bombardierspinnen bezeichnet werden. Eine dieser Gattungen ist *Grammostola*, zu der heute 20 Arten gerechnet werden. Die Gattung *Grammostola* lässt sich einfach von den z. T. sehr ähnlich aussehenden *Lasiodora* durch die Struktur des Stridulationsorgans (siehe Abb. S. 10/11) unterscheiden. Neben den Stridu-

WUSSTEN SIE SCHON?
In den 1920er-Jahren wurde von dem brasilianischen Forscher MELLO-LEITÃO sogar eine eigene Unterfamilie nach der Gattung *Grammostola* benannt, die Grammostolinae (MELLO-LEITÃO 1923). Dazu zählten damals neben der Gattung *Grammostola* auch die Vertreter von *Paraphysa*, *Eupalaestrus*, *Citharacanthus*, *Sphaerobothria*, *Aphonopelma* und *Brachypelma*. Heute, nach eingehenden Untersuchungen von RAVEN und PÉREZ-MILES et al. (RAVEN 1985; PÉREZ-MILES, et al. 1996), ist dagegen klar, dass diese Tiere keine eigenständige Unterfamilie bilden, sondern an mehreren Stellen im Stammbaum der Theraphosinae „auftauchen". In der Wissenschaft wird solch eine Gruppe als polyphyletisch bezeichnet, was so viel bedeutet wie „aus vielen Stämmen hervorgehend". Die Unterfamilie Grammostolinae existiert also heute nicht mehr, sondern die zuvor genannten Gattungen gehören allesamt der Unterfamilie Theraphosinae an.

Wussten Sie schon?

Zurzeit sind 20 Arten in der Gattung *Grammostola* beschrieben, aber es liegt leider keine zusammenfassende Arbeit, eine so genannte Revision, über diese Gattung vor:

- *Grammostola actaeon* (POCOCK, 1903): Brasilien, Uruguay
- *Grammostola alticeps* (POCOCK, 1903): Uruguay
- *Grammostola aureostriata* SCHMIDT & BULLMER, 2001: Paraguay, Argentinien
- *Grammostola borellii* (SIMON, 1897): Paraguay
- *Grammostola burzaquensis* IBARRA, 1946: Argentinien
- *Grammostola chalcothrix* CHAMBERLIN, 1917: Argentinien
- *Grammostola doeringi* (HOLMBERG, 1881): Argentinien
- *Grammostola fossor* SCHMIDT, 2001: Argentinien
- *Grammostola gossei* (POCOCK, 1899): Argentinien
- *Grammostola grossa* (AUSSERER, 1871): Brasilien, Paraguay, Uruguay, Argentinien
- *Grammostola iheringii* (KEYSERLING, 1891): Brasilien, Uruguay
- *Grammostola inermis* MELLO-LEITÃO, 1941: Argentinien
- *Grammostola mendozae* (STRAND, 1907): Argentinien
- *Grammostola mollicoma** (AUSSERER, 1875): Brasilien, Uruguay, Paraguay, Argentina
- *Grammostola monticola* (STRAND, 1907): Bolivien
- *Grammostola porteri* (MELLO-LEITÃO, 1936): Chile
- *Grammostola pulchra* MELLO-LEITÃO, 1921: Brasilien
- *Grammostola rosea* (WALCKENAER, 1837): Bolivien, Chile, Argentinien
- *Grammostola schulzei* (SCHMIDT, 1994): Südamerika
- *Grammostola vachoni* SCHIAPELLI & GERSCHMAN, 1961: Argentinien

Die Typusart, also die Art, anhand der die Gattung *Grammostola* von EUGENE SIMON 1892 beschrieben wurde, ist *Grammostola pulchripes* SIMON, 1891. Da diese Art aber schon zuvor als *Grammostola mollicoma* AUSSERER, 1875 beschrieben worden war, ist *Grammostola mollicoma* mit einem Stern (*) als Typusart gekennzeichnet, und *G. pulchripes* wird als Synonym von *G. mollicoma* angesehen.

lationsstäbchen – wie bei *Grammostola* – besitzt *Lasiodora* zusätzlich typische Fiederborsten, wie man sie auch bei *Theraphosa* findet. Und ebenso wie bei *Theraphosa* liegt auch bei *Lasiodora* das Stridulationsorgan nicht nur auf der Coxa (Hüfte) des ersten Beinpaars, sondern auch auf der des zweiten.

WUSSTEN SIE SCHON?

Bei den hin und wieder im Zoohandel angebotenen *Grammostola spatulata*, *Grammostola cala* und auch *Phrixotrichus roseus* handelt es sich nach heutigem Stand des Wissens meist um nichts anderes als *Grammostola rosea*.

WUSSTEN SIE SCHON?

Der wissenschaftliche Name *Grammostola* ist grammatikalisch gesehen weiblich. Daher heißt es auch <u>die</u> *Grammostola*, im Gegensatz zu <u>das</u> *Brachypelma*, welches ein Neutrum ist. Der Artname *Grammostola iheringii* wird hier am Wortende mit zwei „i" geschrieben, da die Art von KEYSERLING 1891 als *Eurypelma iheringii* beschrieben wurde.

Innerhalb der Gattung gibt es eine Artengruppe, die *Grammostola-iheringii*-Gruppe (SCHMIDT 2001) mit *G. iheringii*, *G. fossor*, *G. aureostriata* und *G. vachoni*. Diese Spezies werden aufgrund der nach innen gebogenen Spermathek und des Vorhandenseins eines langen, kräftigen Dornes auf der kleineren der je Körperseite zwei Tibiaapophysen des Männchens (siehe Kapitel „Anatomie") zusammengefasst. Aber schon in der Beschreibung von *Grammostola fossor* und *G. aureostriata* wird darauf hingewiesen, dass die Arten sehr nahe miteinander verwandt sind, möglicherweise sogar als Unterarten derselben Art gelten müssen. Bedacht werden sollte hier die hohe Variabilität der Genitalstrukturen innerhalb der Gattung *Grammostola*, die ausführlich von PÉREZ-MILES (1989) bei *G. mollicoma* untersucht wurde. Eine Bewertung der *Grammostola-iheringii*-Gruppe ist aber erst nach einer Untersuchung aller in Museen hinterlegten Typus-Exemplare und einer Computer-Analyse der Verwandtschaftsverhältnisse innerhalb der Gattung möglich. Als Typus werden die Exemplare bezeichnet, anhand derer eine neue Art oder Unterart beschrieben wurde.

Relativ eindeutig aufgrund der zumeist rötlichen Färbung ist *Grammostola rosea* zu identifizieren. Auch wenn die Färbung von grau über braun bis fuchsrot variiert, so sind alle diese Tiere kaum mit einer anderen Vogelspinnenart zu verwechseln.

Aufgrund des Stridulationsorgans lässt sich *Grammostola* leicht von den sehr ähnlichen *Lasiodora* unterscheiden. Gut zu sehen sind die unterschiedlichen Formen der Stridulationsborsten.

Allerdings sind die beiden Farbmorphe in verschiedenen Gebieten zu finden. Die typische rote Form von *G. rosea*, im Folgenden als *G. rosea* RF (= rote Form) bezeichnet, findet man in Chile südlich von Santiago, also westlich der Anden. Die braune bis graue Form, hier als *G. rosea* BF (= braune Form) bezeichnet, lebt dagegen hauptsächlich östlich der Anden in Argentinien.

Schwieriger wird es dagegen bei den übrigen im Handel verfügbaren *Grammostola*, denn bei den meisten dieser Arten ist nicht klar, wie die Typus-Exemplare aussahen, da diese nicht nach modernen Gesichtspunkten untersucht wurden. Aber auch hier gibt es zumindest zwei Spezies, die recht eindeutig zu identifizieren sind: die komplett schwarze *Grammostola pulchra* mit hellen Haarspitzen und *G. aureostriata* mit ihrer typischen gold-gelben Streifenzeichnung auf Patella (Knie) und Tibia (Schienbein).

Bei den übrigen Arten, wie *G. actaeon*, *G. iheringii*, *G. mollicoma* und *G. grossa* sind die typi-

WUSSTEN SIE SCHON?
Erst kürzlich wurde *Grammostola schulzei* in die Gattung *Grammostola* transferiert (Bertani & Sayuri Fukushima 2004). Diese Art wurde ohne bekannten Fundort anhand eines Zoohandelstiers als neue Art in der ebenfalls neuen Gattung *Polyspina* beschrieben. Die Annahme, dass es sich bei *Polyspinosa* (der Gattungsname *Polyspina* wurde allerdings schon für einen Fisch verwandt und musste daher, um Missverständnisse zu vermeiden, geändert werden) um einen Vertreter der afrikanischen Unterfamilie Eumenomorphinae handle, konnte u. a. aufgrund der vorhandenen Brennhaare vom Typ IV sowie des Stridulationsorgans widerlegt werden. Deren Vorhandensein bzw. deren Aussehen und Lage wie auch die Form der Spermathek (Organ des Weibchens zum Speichern von Sperma) sind dagegen typische Merkmale für die südamerikanische Gattung *Grammostola*.

schen Färbungen der im Zoohandel angebotenen Tieren größtenteils nicht mit denen der Erstbeschreibungen übereinstimmend. Um

Neben den buttermesserartigen Stridulationsborsten sind bei *Lasiodora* auch Fiederhaare zu sehen

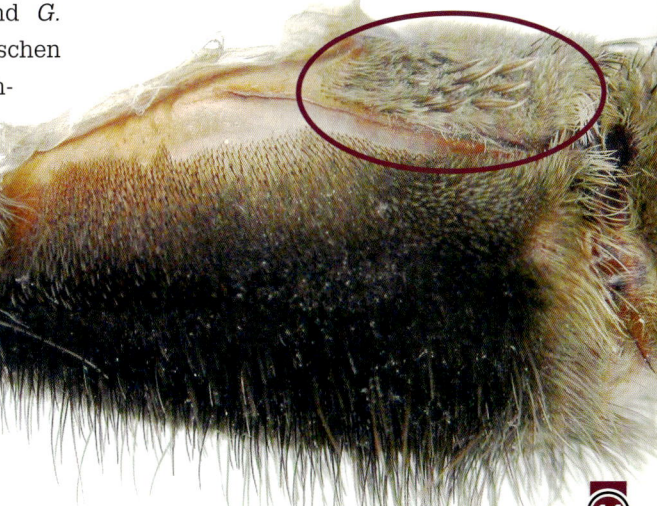

Art	Grundfärbung	Microsetae des Carapax
Grammostola actaeon (POCOCK, 1903)	schwarz	goldfarben
Grammostola alticeps (POCOCK, 1903)	schwarz	schwarzgrau
Grammostola aureostriata SCHMIDT, 2001	dunkelbraun	hellgrau
Grammostola grossa (AUSSERER, 1871)	braun	gelblich braun
Grammostola iheringii (KEYSERLING, 1891)	dunkelbraun	seidenglänzend, gelblich
Grammostola mollicoma (AUSSERER, 1875) Nördliche Form	grau	grau
Grammostola mollicoma (AUSSERER, 1875) Südliche Form	schwarz	schwarz
Grammostola pulchra MELLO-LEITÃO, 1921	schwarz	schwarz
Grammostola rosea (WALCKENAER, 1837)	fuchsrot über bräunlich bis grau	rosa bis fliederfarben

Tabelle oben:
Übersicht über die häufig im Handel erhältlichen *Grammostola*-Arten und ihre Färbung. Als Microsetae werden hier die kurzen Haare des Carapax bezeichnet (siehe Bild S. 13), die langen Haare auf Beinen (Bild S. 24/25) und Opisthosoma (Bild S. 30) als Macrosetae.

WUSSTEN SIE SCHON?

Die Gattung *Grammostola* wurde eine Zeit lang unter dem Namen *Phrixotrichus* geführt. So handelt es sich bei den hin und wieder im Zoohandel angebotenen *Phrixotrichus roseus* ebenfalls meist um nichts anderes als *Grammostola rosea*, wie oben schon erwähnt.
Allerdings herrschte auch um den Namen *Phrixotrichus* Verwirrung, denn zum einen wurde *Phrixotrichus* SIMON, 1889 von PÉREZ-MILES et al. (PÉREZ-MILES, et al. 1996) als der ältere Name für *Grammostola* SIMON, 1892 angesehen, zum anderen aber sieht SCHMIDT (1996) *Euathlus* AUSSERER, 1875 als den älteren Namen für *Phrixotrichus* an, gleichzeitig aber *Grammostola* als gültigen Namen. Heute wird in diesem Punkt SCHMIDT gefolgt und *Grammostola* nicht als Synonym von *Phrixotrichus* angesehen.

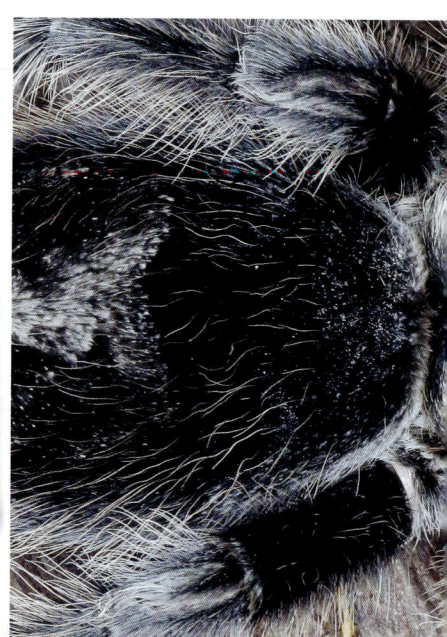

Macrosetae des Opisthosomas	Macrosetae der Beine	Besonderheit
feuerrot	rötlich braun	
graurot	rötliche Haare auf der Unterseite der Femora (Schenkel)	
hellgrau bis hellbraun	rosa Haare auf Unterseite der Femora	goldgelbe Streifen auf Patella und Tibia
braun	dunkelbraun	
rötlich	rötlich braun	
gelblich rot	gelblich rot	keine roten Haare
schwarz, rötlich auf der Unterseite	schwarz	verfärbt sich mit der Zeit einheitlich bräunlich
schwarz mit hellen Haarspitzen	schwarz	
rötlich	rötlich	Unterseite schwarz

aber einige Anhaltspunkte für den interessierten Halter zu geben, habe ich obige Tabelle mit den Farbmerkmalen nach den Erstbeschreibungen bzw. nach Aussagen von Kollegen zusammengestellt.

Von *Grammostola mollicoma* gibt es zwei Formen, die nördliche Form (NF) ist immer schwarz gefärbt, ohne jegliche rote Haare.

Verbreitung

AUF dem amerikanischen Kontinent, südlich des Wendekreises des Steinbocks (23,5° S oder südlicher Wendekreis), liegt das Verbreitungsgebiet der Gattung *Grammostola*. Es zieht sich vom Südzipfel Brasiliens über Paraguay, Uruguay, Argentinien und Chile. Das südlichste Vorkommen liegt bei ungefähr 45° südlicher Breite.

Das Verbreitungsgebiet der typischen *Grammostola rosea* RF liegt südlich von Santiago in den winterfeuchten Subtropen Chiles. Typisch für diese Ökozone sind neben der Vegetation, dem so genannten Matorral, der Winterregen und die häufig roten Böden, wodurch sich auch die rote Färbung von *G. rosea* erklären lässt. Das Klima ist aufgrund der Meeresnähe und des kalten Humboldt-Stroms im Sommer nur mäßig heiß, im Monatsdurchschnitt um 20 °C. Aber auch die Winter sind mit durchschnittlich +5 °C nur mäßig kühl, wobei es jedoch gelegentlich auch zu Bodenfrost kommen kann. Vielen dürften dieses Klima und die niedrige buschige Vegetation mit Hartlaubwäldern und lorbeer-

Verbreitung der Gattung *Grammostola* sowie der Art *Grammostola rosea* in Südamerika

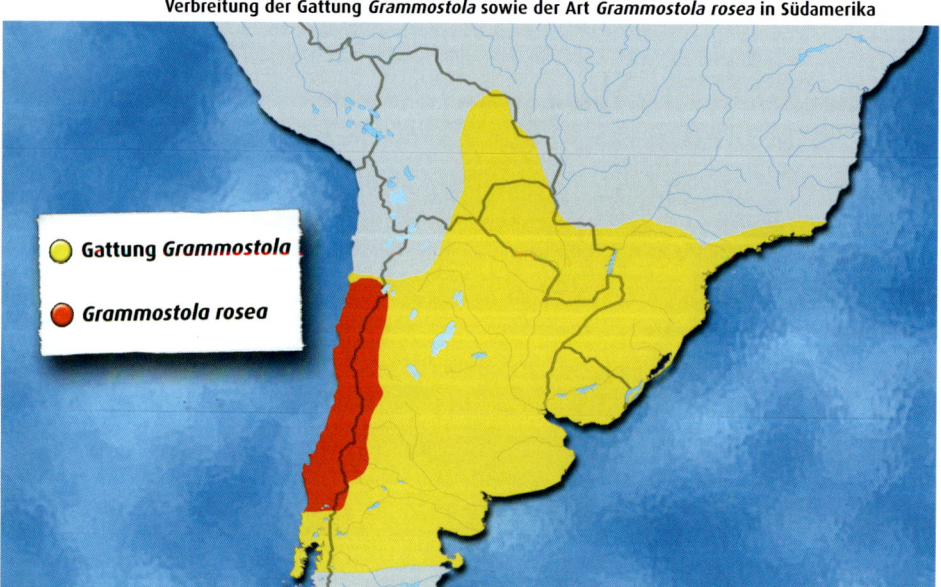

- Gattung *Grammostola*
- *Grammostola rosea*

artigen Gehölzen aus dem Urlaub am Mittelmeer bekannt sein. Dort, wie auch in Chile, liegt die Regenzeit in den Wintermonaten, man bezeichnet diesen Klimatyp auch als Winterregengebiet.

In Chile bezeichnet man den niedrigen Matorral mit nur vereinzelten Büschen als Jaral, die hohen Hartlaubwälder als Matorral denso. Beide Vegetationsformen werden von *G. rosea* bewohnt (PÉREZ APABLAZA 2002). Im Habitat von *Grammostola rosea* RF findet man auch weitere hin und wieder im Zoohandel erhältliche Vogelspinnen, nämlich solche der Gattung *Paraphysa*.

Außer in Chile lebt *G. rosea* auch in Argentinien und Bolivien, allerdings ist gerade aus Bolivien kaum etwas über das Habitat der Tiere bekannt.

Über wenige der anderen *Grammostola*-Arten liegen Literatur-Angaben zu Habitat und Lebensweise in der Natur vor, daher sollen im Folgenden kurz einige Informationen zusammengefasst werden, um Einblicke in die Ansprüche der verschiedenen Spezies zu erhalten.

Die Präkordillere Chiles im Frühling: Habitat von *Grammostola rosea*, ca. 100 km südlich von Santiago/Valparaiso
Foto: Cristian Xavier Pérez Apablaza

Eine in den letzten Jahren immer häufiger gehaltene Art, *G. aureostriata,* kommt aus dem Gran Chaco, der sich vom Westen Paraguays bis nach Nord-Argentinien zieht. Der Gran Chaco ist ein Übergangsgebiet zwischen den dichten Regenwäldern Brasiliens und der nahezu baumlosen Pampa im Süden, sodass man im Chaco z. T. noch relativ viele Bäume findet. Das Klima unterscheidet sich aber klar vom mittelchilenischen Winterregengebiet, in dem *Grammostola rosea* RF lebt. Am auffälligsten ist die ausgeprägte Winter-Regenzeit im Juni-August im Verbreitungsgebiet von *G. rosea* RF, mit einer Trockenzeit im Sommer ohne jeglichen Regen. Auch im Verbreitungsgebiet der übrigen *Grammostola*-Arten findet man

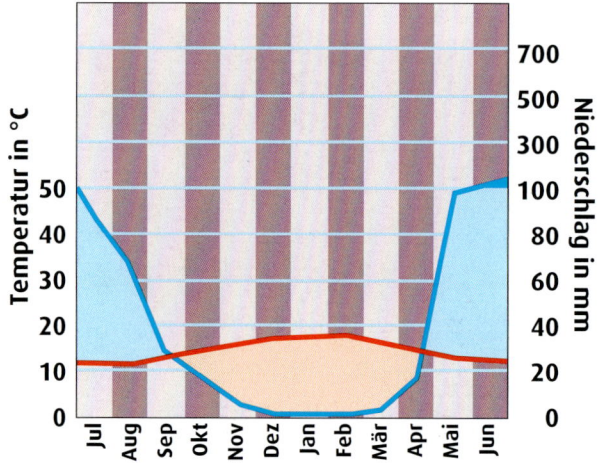

Das Klimadiagramm von Santiago de Chile zeigt eine deutliche Trockenzeit von September bis April (rosa) und die Regenzeit von Mai bis August (dunkelblau) im Habitat von *Grammostola rosea*. Man beachte: Die Monate sind von Juli bis Juni aufgetragen, da der Fundort auf der Südhalbkugel liegt.

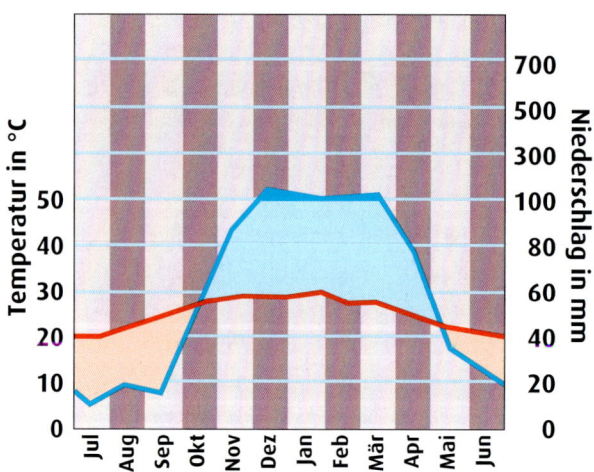

Klimadiagramm für Mariscal im Chaco Paraguays: Die Winter sind kühl und trocken, die Sommer heiß und feucht.

z. T. ausgeprägte Trocken- bzw. Regenzeiten. Allerdings unterscheiden sich die klimatischen Be-

dingungen deutlich. So ist der Winter im Chaco Paraguays, dem Habitat von *G. aureostriata*, kühl und trocken, der Sommer dagegen heiß und sehr feucht. Im Chaco kann es bei wolkenloser Witterung im Winter (Mai/Juni) durchaus zu Nachtfrösten kommen, allerdings klettern die Temperaturen tagsüber wieder auf ungefähr 26 °C. Bis zum Südsommer steigen die Temperaturen dann kontinuierlich an, bis sie ihr Maximum mit mehr als 40 °C erreichen. Die Regenfälle setzen ab Oktober spärlich ein (mit ca. 10 mm/Monat) und erreichen ihr Maximum im Hochsommer (Januar/Februar) mit 100 mm/ Monat (S. & T. VINKE, pers. Mittlg.).

Auch die aus Brasilien stammenden *Grammostola* kommen nicht aus tropischen Regenwald-Gebieten mit das ganze Jahr über konstant warmen Temperaturen. Vielmehr leben sie sehr häufig in den südlichen Staaten mit kalten Wintern. Weiter nördlich (z. B. im Staate São Paolo) findet man sie nur noch in größeren Höhenlagen (über 700–900 m) (R. BERTANI, pers. Mittlg.).

Im südlichen Brasilien leben *G. iheringii* in der relativ ebenen Parklandschaft im Bundesstaat Santa Catarina, wo sie ihre bis zu 1 m tiefen Wohnröhren häufig an Straßenböschungen bauen, z. B. zwischen überhängenden Wurzeln (P. KLAAS, pers. Mittlg.). In höheren Lagen (~700 m ü. N.N.) im selben Bundesstaat findet man dagegen *G. mollicoma*, die nur sehr flache Höhlen unter Steinen gräbt. Dort ist das Klima deutlich kühler, und es kann auch zu Nachtfrösten kommen (P. KLAAS, pers. Mittlg.). Bilder dieses Habitats finden sich bei KLAAS 2003.

Grammostola iheringii findet man aber nicht nur im Süden Brasiliens, sondern auch noch im Norden Uruguays. Dieses Land ist auch die Heimat von *G. mollicoma*. Besonders interessant ist, dass es in Uruguay zwei verschiedene Formen von *G. mollicoma* gibt. Das Verbreitungsgebiet der nördlichen Form, im Folgenden *G. mollicoma* NF (= nördliche Form), zieht sich von Brasilien im Westen bis nach Paraguay im Osten und im Süden bis zum Rio Negro in Uruguay. Die südliche Form (SF) findet sich in Uruguay südlich des Rio Negro, der die Grenze zwischen der nördlichen und der südlichen Form ist. Beide lassen sich farblich gut unterscheiden. *Grammostola mollicoma* NF ist schwarz mit grauen Haaren und hat niemals rote Haare; kurz nach einer Häutung ist *G. mollicoma* SF ebenfalls schwarz gefärbt, trägt aber

KLIMADIAGRAMME NACH WALTER
Die hier dargestellten Klimadiagramme nach WALTER (WALTER, et al. 1975) ermöglichen es, auf einen Blick zu erkennen, ob das Klima heißtrocken, tropisch-feucht oder gemäßigt ist. In den blauen Bereichen, in denen die blaue Niederschlagskurve über der Temperaturkurve liegt, ist die Verdunstung niedriger als der Niederschlag, man spricht dann von humidem Klima. Ist die Verdunstung viel höher als der Niederschlag, liegt also die rote Temperaturkurve deutlich über der für den Niederschlag, dann handelt es sich um ein sog. arides Klima.
Besonders zu beachten ist bei den hier dargestellten Diagrammen, dass der Sommer auf der Südhalbkugel in unserem Winter liegt. Aus diesem Grunde beginnen die Beschriftungen der Diagramme im Monat Juli. So ist direkt erkennbar, ob es sich um eine Klimastation mit Sommerregen, wie bei uns, oder Winterregen, wie im Mittelmeergebiet, handelt.

rote Haare auf der Unterseite der Femora. Mit zunehmender Zeit nach einer Häutung verändert sich die Färbung von *G. mollicoma* SF langsam und wird zunehmend brauner.

Gefährdung

ÜBER eine Gefährdung der *Grammostola*-Arten liegen keine konkreten Zahlen vor, aber aufgrund der Importzahlen könnte man zumindest bei *Grammostola rosea* von einer nicht unerheblichen direkten Bedrohung durch die Absammlung für den Zoohandel ausgehen. Dies gilt insbesondere im Hinblick auf die doch lange Entwicklungszeiten bei dieser Art (siehe Kapitel „Entwicklung") im Vergleich mit anderen bodenbewohnenden Vogelspinnen-Arten. Allerdings stellt nach Ergebnissen chilenischer Untersuchungen das Sammeln der Vogelspinnen die weitaus geringste Gefährdung für die Art dar (PÉREZ APABLAZA 2002), da zum einen die Populationsdichte von *G. rosea* zumeist relativ hoch ist (es liegen sogar Berichte aus Chile vor, wo in Kolonien bis zu 8–10 Spinnen/m² gefunden wurden (P. AVARIA, pers. Mittlg.)) und zum anderen meist nur an wenigen Plätzen nahe der Hauptstadt Santiago gesammelt wird. Viel schlimmer wirken sich dagegen Habitatzerstörung und Brandrodung auf die Populationen von *G. rosea* aus (PÉREZ APABLAZA 2002).

Anatomie

TYPISCH für Echte Spinnen ist die Zweiteilung des Körpers in Vorder- und Hinterleib, wodurch sie sich deutlich von Insekten mit ihrem dreigeteilten Körper (Kopf, Rumpf und Hinterleib) unterscheiden. Darüber hinaus besitzen Spinnen acht Laufbeine, im Vergleich zu sechs bei Insekten. Allerdings erscheint es bei vielen Vogelspinnen so, als hätten diese Tiere noch ein weiteres Paar Laufbeine – dem ist natürlich nicht so. Vielmehr handelt es sich dabei um in die Fortbewegung einbezogene so genannte Kiefertaster oder Pedipalpen, die beispielsweise bei der heimischen Kreuzspinne winzig klein sind. Neben der Fortbewegung dienen die Pedipalpen auch zur Manipulation der Beute und den Weibchen bei der Kokonbewachung.
Der Vorderkörper oder das Prosoma (griech. pro- = vorder-; griech. soma = Körper => Vorderkörper) ist aber nicht nur für die Fortbewegung zuständig, sondern auch

für Wahrnehmung und Nahrungs-aufnahme. So sitzen nahe dem vorderen Rand des auch als Cara-pax bezeichneten oberen Proso-madeckels die acht Augen. Diese liefern der Spinne zwar keine hoch aufgelösten Bilder der Umgebung, sind aber wohl in der Lage, sehr feine Unterschiede in der Hellig-keit wahrzunehmen. Neben den Informationen der Augen laufen im Vorderkörper der Spinne auch alle anderen Informationen, z. B. die der Sinnesorgane der Beine, Taster usw., im Zentralnervensys-tem (ZNS) zusammen. Im Gegen-satz zu Insekten haben Spinnen kein Strickleiter-Nervensystem, das sich durch den gesamten Kör-per zieht, sondern ein Zentralner-vensystem im Vorderkörper.

Auf der Unterseite des Vorderkör-pers sind gut die Coxen der Beine und Taster zu sehen, die das Ster-num (Brustplatte) einrahmen. Die Coxa oder Hüfte ist das erste Glied des Beins, auf das vom Körper aus Trochanter (Schenkelring), Femur (Schenkel), Patella (Knie), Tibia (Schiene), Metatarsus (Ferse) und

Der Carapax der adulten Männchen von *Grammostola rosea* ist noch intensiver als derjenige der Weibchen gefärbt.

Dorsalansicht einer männlichen *Grammotola rosea*: 1 Prosoma (Vorderkörper), 2 Opisthosoma (Hinterkörper), 3 Augenhügel, 4 Pedipalpus, 5 Laufbein, 6-12 Beinglieder: 6 Coxa, 7 Trochanter, 8 Femur, 9 Patella, 10 Tibia, 11 Metatarsus, 12 Tarsus, 13 Brennhaare, 14 Spinnwarzen, 15 Chelizere

Ventralansicht einer männlichen *Grammotola rosea*: 1 Prosoma (Vorderkörper), 2 Opisthosoma (Hinterkörper), 3 Chelizerenklaue, 4 Spinnwarzen, 5 Scopula, 6 Tibiaapophyse (Schienbein-haken), 7 Bulbus, 8 Epigastralfurche

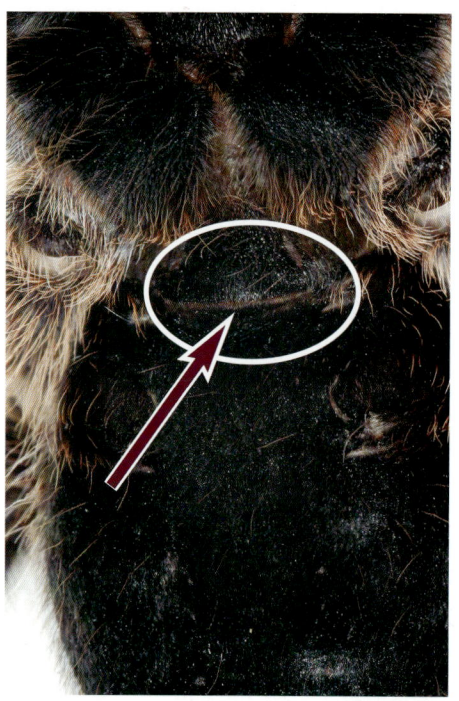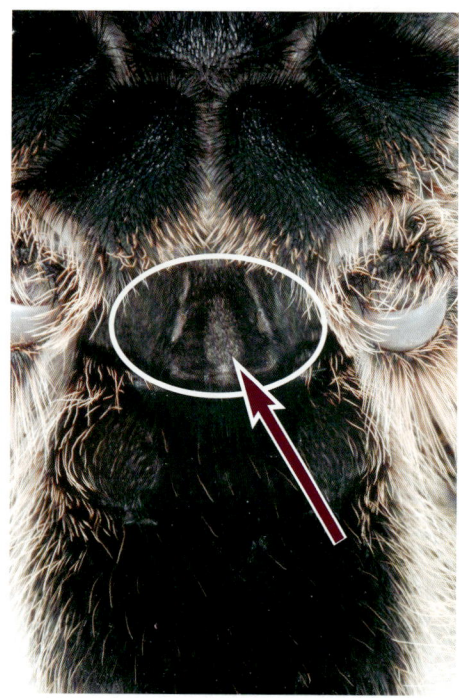

Bei *Grammostola-rosea*-Weibchen ist die Geschlechtsöffnung gut zwischen dem ersten Buch-lungenpaar zu erkennen. Die Region ist deutlich vorgewölbt. Bei Männchen dagegen ist sie relativ flach. Oberhalb der Epigastralfurche ist bei ihnen das ventrale Spinnfeld gut zu sehen.

schließlich der Tarsus (Fuß) mit zwei endständigen Krallen folgen. Der Aufbau des Tasters ist bis auf die fehlende Patella gleich. Beim erwachsenen oder adulten Männchen sind einige offensichtliche Veränderungen zu beobachten. So findet man am Ende der Taster die Kopulationsorgane, die pipetten-förmigen Bulben (Einzahl Bulbus), und das erste Beinpaar trägt an der Tibia je eine zweigeteilte Apophyse (siehe auch Kapitel Paarung).

Zwischen den Tastern liegen die zweigeteilten Chelizeren, die aus Basalglied und Chelizerenklaue bestehen. In der Klaue liegt die Öffnung des Giftkanals seitlich vorn, nicht genau an der Spitze, damit sie beim Zubeißen nicht verstopft – im Prinzip also ganz ähnlich wie bei einer medizinischen Kanüle.

Im Opisthosoma liegen alle lebenswichtigen Organe. Dorsal, also auf der Rückenseite des Hinterkörpers, verläuft das lang gestreckte Herz, das bei den ersten Nymphenstadien noch durch die Haut durchscheint. Es pumpt die Hämolymphe, das „Blut" der Spinne, durch die Hauptader ins Prosoma, wo es die Muskeln und das ZNS mit Sauerstoff versorgt. Die Hämolymphe wird dann in den ventral (auf der Bauchseite) am Hinterkörper gelegenen beiden paarigen Buchlungen wieder mit Sauerstoff angereichert. Der Zwischenraum zwischen Herz und Buchlungen ist nahezu komplett mit der Mitteldarmdrüse ausgefüllt, die nicht nur dem Aufschluss der Nahrung, sondern auch der Speicherung von Nährstoffen dient.

Geschlechtsbestimmung

Zwischen den vorderen Buchlungen liegen die primären Geschlechtsorgane der Spinnen. Anhand dieser kann man das Geschlecht auch bei noch nicht erwachsenen Grammostola bestimmen. Dazu gibt es zwei Möglichkeiten: Zum einen kann man sich

Nach der Reifehäutung sind bei allen Vogelspinnenmännchen die Kopulationsorgane deutlich zu sehen, hier *Grammostola rosea*.

die Unterseite der Vogelspinne betrachten, und zum anderen eine Exuvie (abgestreifte Haut) untersuchen. Die schnellere Methode ist, sich den Bereich der Geschlechtsöffnung zwischen den ersten Buchlungen am lebenden Tier anzusehen. Beim Weibchen findet sich dort nur die Epigastralfurche mit dem beim adulten Weibchen deutlich aufgewölbten Ausgang des Uterus externus. Beim Männchen liegt vor der Epigastralfurche das ventrale, bauchseitige Spinnfeld. Dies ist schon bei noch nicht erwachsenen Männchen gut als heller Punkt zu erkennen, denn dort fehlen die den Hinterleib bedeckenden Haare bzw. rund um diese Stelle sind Haare in charakteristischer Weise halbkreisförmig angeordnet. Für diese Methode braucht man nicht viel mehr als die Spinne im entsprechenden Stadium und ein gutes Auge oder eine Lupe, gleichzeitig ist dies aber gerade bei wenig Erfahrung nicht gerade der sicherste Weg der Geschlechtsbestimmung. Etwas komplizierter, dafür aber 100 % sicher ist die Bestimmung des Geschlechts anhand einer Exuvie. Dazu braucht man, wenn es sich schon um ein ca. 4 cm gro-

An den Tibiaapophysen oder Schienbeinhaken lassen sich adulte *Grammostola-rosea*-Männchen leicht von den Weibchen unterscheiden.

ßes Tier handelt, noch nicht mal eine Lupe oder ein Stereomikroskop. Um die zumeist starre und kaum bewegliche Exuvie zu untersuchen, weicht man die Opisthosoma-Haut mit einigen Tropfen Alkohol (am besten 70-prozentiges Ethanol aus der Apotheke) für wenige Minuten ein. Danach ist die Haut vollkommen flexibel, und man kann die Untersuchung beginnen. Zuerst entwirrt man die häufig vollkommen verdrehte Exuvie, sodass man die Innenseite des Opisthosomas mit den Buchlungen betrachten kann. Wie zuvor schon erwähnt, liegen zwischen den ersten Buchlungen die Geschlechtsorgane. Bei den Weibchen kann man auch schon bei noch nicht erwachsenen Tieren die schlauchförmigen Samentaschen (Receptacula seminis) mit zwei knopfartigen Enden erkennen. Beim Männchen finden sich in der Haut der gleichen Region keinerlei Samentaschen oder ähnlich große Strukturen. Die Besonderheit ist, dass die Receptacula seminis bei den adulten Weibchen mitgehäutet werden, da es sich um eine Hauteinstülpung handelt. Somit ist das Weibchen nach jeder Häutung wieder „jungfräulich".

Häutung

NICHT nur für den Einsteiger, auch für den erfahrenen Vogelspinnenhalter stellt die Häutung immer wieder ein besonders interessantes Kapitel dar. Vielen Laien ist nicht bewusst, dass sich alle Gliederfüßer, die so genannten Arthropoden (neben den Spinnentieren auch Insekten, Krebse und Tausendfüßer), häuten müssen, um zu wachsen. Bei ihnen liegen die Muskeln nicht um die Knochen herum, wie beim Menschen und allen Wirbeltieren, sondern das chitinöse Skelett umschließt die Muskeln von außen. Diese Art von Skelett wird daher auch als Ektoskelett (Außenskelett) bezeichnet.

Die Häutung von *G. rosea* ist recht gut dokumentiert (STRIFFLER & ZIEGLER 2003), da die Häutungen eines adulten, über zehn Jahre lang gepflegten Weibchens beobachtet wurden. Sehr eindrucksvoll sind die Fotos dieser Häutungen, die im genannten Artikel abgedruckt sind. Eine bevorstehende Häutung kann man bei den Theraphosinae gut erkennen, gerade, wenn ein Teil der Brennhaare auf dem Hinterleib fehlt. Die Brennhaare der neu gebildeten Haut schimmern dann schwarz durch die alte Haut.

> ### WUSSTEN SIE SCHON?
> Laborbeobachtungen aus Uruguay zeigten, dass sich *Grammostola mollicoma* meist im Februar bis März häutete, wenn die Temperaturen im Labor im Herbst wieder absanken und ungefähr 25 °C erreichten. Im Sommer wurden die Tiere bei 28 °C, im Winter bei 20 °C gehalten.

Lebensweise

WIE schon im Kapitel Verbreitung erwähnt, leben alle *Grammostola*-Arten im Süden Südamerikas in verschiedenen Habitaten. Allen Spezies gemein ist ihre typische, bodenbewohnende Lebensweise. Die meisten leben in selbst gegrabenen Wohnröhren oder unter Steinen oder Wurzeln.

Über *G. rosea* RF liegen mittlerweile sehr umfangreiche Erkenntnisse aus Chile vor. So findet man *G. rosea* RF, wie andere Vogelspinnen-Arten auch, in Kolonien. Deren Dichte wurde in Chile sogar schon mit 8–10 Wohnröhren je Quadratmeter beobachtet (P. AVARIA, pers. Mittlg.), wie oben schon erwähnt. Im Normalfall sind die Kolonien

Die südliche Form (SF) von *Grammostola mollicoma* ist direkt nach der Häutung schwarz mit roten Haaren gefärbt. Deutlich zu sehen ist die alte, nahezu einheitlich braune Haut.

Dieses nur knapp 2,5 cm große Jungtier von *Grammostola rosea* steht kurz vor der Häutung. Die neuen Brennhaare scheinen schon deutlich auf dem Hinterleib durch.

Diese *Grammostola rosea* RF ist sehr gereizt, sie reckt dem Angreifer den Hinterleib mit Brennhaaren entgegen. Nachzuchten oder schon lange im Terrarium gehaltene Tiere zeigen dieses Verhalten nur sehr selten.

aber deutlich weniger dicht besiedelt, mit nur zwölf bis maximal 49 adulten Spinnen auf 600 m² Untersuchungsgebiet je nach Beschaffenheit, wobei die Wohnröhren zwischen 30 und bis über 80 cm tief sind. Da *G. rosea* RF die dominierende Vogelspinnenart in Chile ist, findet man nur selten andere Vogelspinnen in der Nähe der Kolo-

nien. Lediglich *Paraphysa scrofa* und die Nemeside *Acanthognathus* wurden gelegentlich in den Randbereichen der Kolonien von *G. rosea* RF gefunden (PÉREZ APABLAZA 2003). Auch wenn die meisten *Grammostola rosea* im Terrarium sehr ruhig sind, kann man bei frischen Wildfängen beobachten, dass die Tiere sehr aggressiv rea-

scheint aber auch bei diesen Tieren das Hantieren im Terrarium, das die Spinne anfangs immer zur Drohhaltung animierte, kaum noch zu stören, denn die *Grammostola rosea* bleiben dann ruhig sitzen und ignorieren die Arbeiten im Terrarium offensichtlich. Aber nicht nur *Grammostola rosea*, sondern auch die im Terrarium sehr ruhige *G. aureostriata* ist in der Natur sehr aggressiv und stellt sich drohend auf den Hinterbeinen auf (S. & T. VINKE, pers. Mittlg.; M. BAUMGARTEN in SCHMIDT & BULLMER 2001).

Im Terrarium sind die meisten Spinnen allerdings sehr friedfertig und gehören zu den Arten, die ich einem Anfänger ruhigen Gewissens empfehlen kann. Aber auch wenn die meisten der *Grammostola*-Arten von ihrem Wesen sehr ruhig sind und in der Natur in „Kolonien" (aber natürlich in getrennten Wohnröhren) leben, ist es nicht möglich,

> **DER PRAXISTIPP**
> Nicht alle *Grammostola rosea* sind von ihrem „Gemüt" her ruhig und träge, manche Individuen sind äußerst aggressiv und beißen sehr schnell zu. Aus diesem Grunde sollte man auch bei einer allgemein als friedlich angesehenen Vogelspinne immer mit dem nötigen Respekt vorgehen.

gieren. Zuerst versuchen die Tiere zu flüchten, wobei sie sich flach an den Boden drücken und den Hinterleib hochrecken. Belästigt man die Tiere weiterhin oder will sie gar auf die Hand nehmen, so drehen sich diese *G. rosea* dem Angreifer zu, heben die Vorderbeine zur Drohhaltung und spreizen die Chelizeren. Nach einiger Zeit

mehrere erwachsene Tiere in einem Terrarium zu halten, da es sich um strikte Einzelgänger handelt.

Gift und Brennhaare

DIE Giftwirkung von *Grammostola*-Bissen auf den Menschen ist kaum stärker als die eines Bienenstiches. Schmerzen verursachen hauptsächlich die bei einem Biss eindringenden Giftklauen. Allerdings kann es auf-grund des Bisses zu lokalem Taubheitsgefühl kommen, das jedoch selten länger als ein paar Stunden anhält. Insgesamt ist es nach einem *Grammostola*-Biss im Normalfall nicht nötig, einen Arzt aufzusuchen. Man sollte die Wunde desinfizieren, um eine mögliche Sekundärinfektion zu verhindern. Sobald jedoch irgendeine ungewöhnliche Reaktion auf einen Vogelspinnenbiss folgt, sollte umgehend ärztliche Hilfe aufgesucht werden.

Ein Maß für die Giftigkeit ist die halbe letale Dosis, auch als LD_{50} bezeichnet. Diese wurde früher aus dem Verhältnis zwischen überlebenden und sterbenden Mäusen im Tierversuch ermittelt. Aus dieser Zeit stammen auch die

WUSSTEN SIE SCHON?

Das Gift von *Grammostola* hat eine „beruhigende" Wirkung. Versuche mit Mäusen (BÜCHERL 1956) zeigten, dass die Versuchstiere nach der Injektion von Gift nach einer kurzen stimulierenden Phase, in der sie munter hin und her liefen, in eine relativ lange ruhige, nahezu hypnotische Phase verfielen. Die Mäuse setzten sich dann paarweise und schienen zu „dösen". Bei einer tödlichen Dosis legten die Mäuse sich in natürliche Lage, schliefen fest, und bei allmählich sich verlangsamender Atmung starben die Tiere ohne Anzeichen eines Todeskampfes. Bei nicht tödlicher Dosis wachten die Mäuse nach 1-2 Stunden wieder auf und zeigten keine Vergiftungsanzeichen.

Schon häufig wurde der so genannte Spiegel von *Grammostola* (hier *G. iheringii*) für eine Pilzerkrankung gehalten, dabei handelt es sich um Brennhaare.

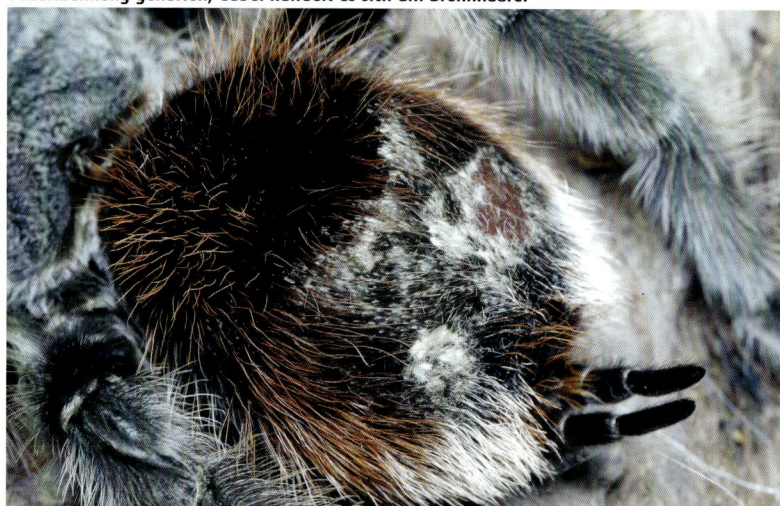

Die Giftwirkung von *Grammostola rosea* ist, trotz der Länge der
Giftklauen – 1,5cm –, nur mit einem Wespenstich zu vergleichen

Am Ende dieser Chelizerenklaue ist gut die Ausmündung des Giftkanals zu sehen. Damit sie beim Giftbiss nicht verstopft, liegt sie seitlich.

WUSSTEN SIE SCHON?

Brennhaare treten nur bei amerikanischen Vogelspinnen auf. Von den sechs verschiedenen Typen von Brennhaaren tritt Typ II nur bei den Aviculariinae und Typ V nur bei der Gattung *Ephebopus* auf. Die übrigen Typen findet man bei den Theraphosinae. Hier liegen sogar mehrere Brennhaartypen kombiniert vor (Typ I und III sowie III und IV). Die Brennhaartypen unterscheiden sich in Struktur sowie Größe und dienen jeweils speziellen Aufgaben. So funktionieren die langen Brennhaare des Typs III bei der Abwehr größerer Feinde, wie Säuger. Diese Brennhaare sind es auch, die den starken Juckreiz auslösen. Die kurzen Brennhaare des Typs I, die nicht bei *Grammostola* vorkommen, tragen am Ende umgekehrte Widerhaken, die dazu dienen, Parasiten bzw. deren Larven am „Häutungsteppich" der Spinne festzuhalten und ein Weiterkommen zu verhindern (MARSHALL & UETZ 1990). Diese Brennhaare werden bei manchen Spinnen, wie z.B. *Megaphobema robustum*, auch in den Kokon eingebaut, um den Nachwuchs gegen Parasiten zu schützen und den Kokon unbenetzbar zu machen (WEINMANN 2001).

Untersuchungen zur Giftigkeit von *Grammostola* (BÜCHERL 1956). So liegt die LD_{50} bei relativ harmlosen Spinnen sehr hoch, bei sehr giftigen Arten liegt sie sehr niedrig. Konkret beträgt die LD_{50} bei *Grammostola* 0,3–0,4 (je nach Art), bei der sehr giftigen *Phoneutria fera* (bei der es sich nicht um eine Vogelspinne handelt) dagegen 0,00067 mg/g. Bei einer 20 g schweren Maus reichen 0,0134 mg des Giftes einer *Phoneutria* aus, um eine Maus zu töten, die harmlose *Grammostola* braucht immerhin schon 6–8 mg.

Die amerikanischen Vogelspinnen der Unterfamilien Theraphosinae und Aviculariinae verfügen außerdem über die Fähigkeit, sich bei Belästigung mit Hilfe von Brennhaaren zu verteidigen. Als Brennhaare werden spezielle, mit Widerhaken versehene Haare bezeichnet, von denen man insgesamt sechs verschiedene Typen unterscheidet.

Bei der Gattung *Grammostola* finden sich sogar zwei verschiedene Typen von Brennhaaren auf dem Hinterleib (Typ III und IV). Seitlich sitzen die kurzen Haare des Typs IV und in der Mitte die deutlich längeren Brennhaare des Typs III. Die Brennhaare werden mit einem oder sogar beiden letzten Beinen

Auch wenn *Grammostola rosea* allgemein als ruhig gelten, richten sie sich bei Bedrohung auf ihren Hinterbeinen auf und spreizen drohend ihre Chelizeren.

abgebürstet, was durch die starken Dornen der Hinterbeine noch effektiver geschieht. Durch die schnelle Bewegung der Beine und das Verwirbeln der Luft fliegen die äußerst leichten Haare dem Angreifer entgegen und schweben noch eine ganze Weile umher, ehe sie langsam zu Boden sinken.

Diese Brennhaare des Typs III rufen auch die für den Menschen unangenehmen Folgen, wie Hautrötungen, Juckreiz und Quaddel-bildung, hervor. Dabei sind meist die Unterarme und besonders die Armbeuge sowie der Nacken und beim Einatmen auch die Atemwege betroffen. Gerade bei Allergikern und Asthmatikern ist hier Vorsicht geboten, auch wenn *Grammostola* nicht übermäßig stark Gebrauch von ihren Brennhaaren macht. Ist man mit Brennhaaren in Kontakt gekommen, so kann man mit Aloe-Vera-Creme den Juckreiz lindern.

Erwerb

AUCH wenn *Grammostola rosea* zu den am häufigsten importierten Vogelspinnen gehört, ist eine artenschutzrechtliche Beschränkung nicht gegeben. Allerdings sind in manchen Bundesländern unterschiedliche Auflagen an die Haltung „potenziell gefährlicher Tiere" gebunden, zu denen bizarrerweise teils auch verallgemeinernd „Giftspinnen" gezählt werden (wobei kaum berücksichtigt wird, dass letztlich fast alle Spinnen giftig, jedoch die wenigsten für den Menschen gefährlich sind). Dennoch sollte es bei der Haltung von *Grammostola* keine behördlichen Schwierigkeiten geben.

Auswahl der Tiere

Hat man sich für eine *Grammostola* entschieden, gleich ob *G. rosea* oder eine andere Art, stellt sich die Frage, welche Größe und welches Geschlecht der neue Pflegling haben sollte. Handelt es sich um die erste Vogelspinne, so rate ich zu einem halbwüchsigen Tier mit ca. 1–1,5 cm Carapaxlänge (Carapax = Rückenplatte; 1,5 cm Carapaxlänge entsprechen ungefähr 3 cm Körperlänge). Diese jungen Tiere sind zwar etwas agiler und nicht so ruhig wie ein sehr altes, erwachsenes Tier, aber gerade die erhöhte Aktivität macht die Beobachtung der Spinne interessanter. So bauen junge Tiere viel schneller eine Wohnröhre, haben deutlich mehr Appetit und häuten sich noch öfter. Um auch lange Freude an seiner neuen *Grammostola* zu haben, empfehle ich ein Weibchen zu kaufen (so man

Gut zu erkennen sind bei diesem Weibchen die Dreiteilung der großen hinteren Spinnwarzen, die kleinen mittleren Spinnwarzen sowie die schwarze Unterseite von *G. rosea* RF.

nur ein Tier möchte), da diese deutlich länger leben als Männchen (siehe Geschlechtsbestimmung, Kapitel „Anatomie", S. 23 f.).

Bevorzugt man zu Beginn eine wirklich ruhige Spinne, dann sollte man zu einer erwachsenen *Grammostola* greifen. Diese sind im Normalfall deutlich ruhiger als die jüngeren Tiere, allerdings gibt es auch

Stark dehydrierte und tote Vogelspinnen zeigen das typische Bild mit unter dem Körper zusammengezogenen Beinen (hier ein Männchen von *G. rosea*).

adulte Exemplare, die recht aggressiv sind. Vor dem Kauf kann man dies aber leicht feststellen, indem man das Tier mit einer langen Pinzette oder einem Stab reizt und die Reaktion beobachtet.

Wildfang oder Nachzucht

Echte Nachzuchten aus Deutschland, bei denen *Grammostola rosea* nach einer erfolgreichen Paarung hier in Europa einen Kokon gebaut hat, sind erstaunlicherweise immer noch sehr selten. Meist stammen die angebotenen „Nachzuchten" von bereits befruchteten und importierten Weibchen, die dann nach einer Hungerkur während des Transports gut

angefüttert werden und anschließend einen Kokon bauen. Aufgrund des niedrigen Preises für erwachsene Exemplare werden die frisch geschlüpften Jungtiere häufig sehr günstig abgegeben, da es sich für Züchter wegen der sehr langsamen Entwicklung nicht „lohnt", *G. rosea* aufzuziehen. Aus diesem Grund handelt es sich bei den angebotenen erwachsenen Tieren fast ausschließlich um Wildfänge. Bei ihnen weiß man aber natürlich nicht, wie alt die Tiere sind, denn einem erwachsenen Weibchen sieht man das Alter nicht so einfach an. Hinzu kommt, dass Wildfänge auch mit Parasiten befallen sein können, die man auf den ersten Blick nicht erkennt oder die sogar im Inneren der Spinne leben. Da Nachzuchten in aller Regel robuster, frei von Krankheiten und Parasiten sowie an das Leben im Terrarium gewöhnt sind, sollte ihnen auf alle Fälle der Vorzug gegeben werde – zumal man somit auch die Bestände in freier Natur schont.

Auf Vogelspinnen-Börsen kann man nicht nur günstig Vogelspinnen direkt vom Züchter kaufen, sondern auch mit Gleichgesinnten diskutieren.

Zoohandel oder Züchter

Nach den Überlegungen zu Geschlecht und Größe bleibt letztlich nur noch die Frage, woher man nun seine neue Spinne bekommt. Im Grunde genommen gibt es zwei Möglichkeiten: den Zoohandel oder den Züchter.

Auch wenn mittlerweile Zoohandelsketten/-discounter Vogelspinnen anbieten, meist auch *Grammostola rosea*, hat es sich bewährt, auf spezialisierte Fachgeschäfte zurückzugreifen (Adressen finden Sie z. B. in den Anzeigen der REPTILIA). In speziellen Terraristik-Fachgeschäften erhält man neben Terrarien nicht nur Einrichtungsgegenstände, Beleuchtung und Futtertiere, sondern zumeist auch eine umfassende Beratung.

Die andere Möglichkeit besteht darin, seine Spinne direkt vom Züchter oder im Falle von *G. rosea* vom Importeur zu beziehen. Eine gute Möglichkeit, direkten Kontakt zu einem Züchter zu bekommen, ist der Besuch einer einer Vo-

Im Terraristik-Fachgeschäft wird man individuell beraten und bekommt alles aus einer Hand.

gelspinnen- oder allgemein Terraristik-Börse (Termine finden Sie ebenfalls in der REPTILIA, ebenso Kleinanzeigen privater Züchter). Hier hat man nicht nur die Möglichkeit, sich umfassend über die Ansprüche zu informieren, sondern trifft auch Gleichgesinnte, mit denen man über mögliche Probleme oder Erfolge diskutieren kann. Bevor man seine neue *Grammostola* erwirbt, sollte man sich auch Gedanken über den Transport des Tieres machen. Dabei kommt es nicht darauf an, ob man seine Tiere in einem Terraristik-Fachgeschäft, auf einer Börse oder direkt vom Züchter abholt, vielmehr sind Witterung und Länge der Fahrt ausschlaggebend. Bei langen

Fahrten ist es wichtig darauf zu achten, dass die Spinne nicht überhitzt oder unterkühlt wird. Um dies zu vermeiden, wird eine ausgewachsene *Grammostola* in eine mit Küchenpapier ausgelegte Heimchenbox gesetzt und ein auf Viertel gefaltetes Küchenpapier aufgelegt, bevor der Deckel geschlossen wird. Bei mehrstündigen Fahrten sollte das Küchenpapier ein wenig angefeuchtet werden, sodass neben dem Schutz vor Verletzungen auch eine Austrocknung verhindert wird. Transportiert man kleinere Tiere, so werden entsprechend kleinere Behälter verwendet und auf die zuvor beschriebene Weise gepolstert und angefeuchtet.

Das Terrarium

NEBEN der Berücksichtigung der klimatischen Bedingungen (z. B. Winterruhe, s. u.) verdient auch die Einrichtung des Terrariums besondere Beachtung. Natürlich ist es möglich, eine *Grammostola* in einem Standardterrarium (mit 20 x 30 x 20 cm Größe) und mit nur wenigen Zentimetern Bodengrund sowie einer gebogenen Korkröhre zu pflegen, allerdings ist dies weit entfernt von der natürlichen Lebensweise. Und so verwundert es kaum, dass man dann nicht das natürliche Verhaltensrepertoire beobachten kann. Aber gerade dies sollte einem gewissenhaften Pfleger an Herzen liegen. Als gutes Maß für *Grammostola*-Terrarien haben sich 30 x 30 cm (mit 25 cm Höhe) mit mindestens 7–10 cm Bodengrund herausgestellt. Größere Terrarien bieten natürlich noch mehr Gestaltungsmöglichkeiten.

Die Wahl des Terrariums ist für die spätere Einrichtung maßgeblich, denn es gibt drei verschiedene Grundtypen von Vogelspinnen-Terrarien: die Standardterrarien mit Falltürscheibe, größere Terrarien mit Schiebetüren und Aquarien mit entsprechender Abde-

ckung. Am häufigsten werden sicher Falltürterrarien verwendet: Dabei ist es wichtig, darauf zu achten, dass der Frontsteg nicht zu niedrig, sondern mindestens 5, besser 7 cm hoch ist. Mittlerweile werden aber ohnehin kaum noch Terrarien mit nur 2 cm hohen Stegen angeboten, wie noch vor einigen Jahren. Ab einer bestimmten Größe (ungefähr 50 cm Länge) gibt es nur noch Schiebescheiben, denn die Falltüren sind zu schwer und zu empfindlich gegen Bruch. Eine weitere Möglichkeit bieten Aquarien, die mit deutlich mehr Bodengrund gefüllt werden können und einfach von oben mit Halogenspots beheizt werden. Dazu wird die Hälfte mit einer Glas- oder Plexiglasscheibe, die andere Hälfte mit Drahtgaze abgedeckt. Darüber montiert man zur Beleuchtung und Beheizung einen 20-W-Halogenspot.

Bodengrund

Häufig wird angenommen, *G. rosea* stamme aus den Trockengebieten Chiles und müsse auf sehr trockenem Substrat gehalten werden. Wie aber zuvor schon mehrfach angesprochen, kommen die Tiere aus einer mediterranen Klimaregion mit Winterregen. Während des heißen, trockenen Sommers trocknet das Substrat im Habitat zwar stark aus, aber es ist zu bedenken, dass *G. rosea* in der Natur nicht auf dem Boden, sondern meist einige Dezimeter tief eingegraben lebt, wo es deutlich kühler und feuchter ist als an der Oberfläche. Der typische Boden im Habitat besteht aus lehmhaltiger Erde, die den Spinnen nach Möglichkeit auch im Terrarium geboten werden sollte. Es ist aber auch möglich, *G. rosea* auf Blumenerde zu halten, allerdings ist dieses Substrat nicht so gut zum Graben geeignet bzw. stürzt leichter ein.

Als Höhe für das Substrat haben sich bei *Grammostola rosea* mindestens 7–10 cm als günstig erwiesen, wie oben schon erwähnt. Besser wäre natürlich noch mehr Bodengrund, der aber in einem 30 x 30 cm großen Terrarium nur schwer zu bieten ist. Auch bei Arten wie *G. mollicoma*, die in der Natur nur flache Wohngespinste unter Steinen oder Wurzeln graben, sollte nicht viel weniger Substrat verwendet

werden. So kann man das Substrat problemlos an der Oberfläche leicht antrocknen lassen, während

Falltür-Terrarien und Schiebetür-Terrarien in verschiedenen Größen: von unten nach oben 60 cm, 40 cm und 30 cm Frontbreite

Terrarium für _Grammostola rosea_ mit Versteck, Wasserschale und Bepflanzung (Strauchveronika der Gattung _Hebe_)

nalität und die Akzeptanz durch die Spinne an. So kann neben natürlichen Steinaufbauten, die immer mit Aquariensilikon sicher verbunden werden sollten, auch ein halbierter und schräg eingegrabener Blumentopf als Unterschlupf für die Spinne dienen. Mittlerweile gibt es auch eine ganze Anzahl verschiedener fertiger Höhlen in den unterschiedlichsten Qualitäten, manche ähneln täuschend echt aufgeschichteten Steinen, andere dagegen strahlen in den leuchtendsten Orange- und Gelbtönen. Für welche Alternative man sich auch entscheidet, wichtig ist, dass die Spinne eine Rückzugsmöglichkeit hat, in der es dunkel ist und in der sie nicht gestört wird. Normalerweise nutzt sie die künstliche Höhle nur als Ausgangspunkt für umfassende Bauarbeiten und gestaltet so das Terrarium „nach ihren Wünschen" um.

tief unten noch genügend Feuchtigkeit vorhanden ist, sodass die Spinne in ihrer Röhre ihre Präferenzen selbst setzen kann.

Verstecke

Neben der Möglichkeit, im Substrat zu graben, sollte _Grammostola_ auch immer ein Versteck angeboten werden. Dabei kommt es auf Funktio-

DER PRAXISTIPP
Es muss nicht immer teurer Terrariengrund sein: einfache lehmhaltige Erde aus der Natur oder dem Garten ist günstiger und häufig genauso gut oder besser geeignet. Daneben können natürlich auch Torf (allerdings aus Naturschutzgründen abzulehnen) oder Gartenerde benutzt werden. Einzig ist darauf zu achten, dass der Bodengrund nicht vollständig nass, sondern nur leicht feucht ist. An der Oberfläche kann er ruhig leicht angetrocknet sein kann.

Bepflanzung

Ist man auf eine möglichst natur-nahe Haltung aus, so sollte man das Terrarium auch bepflanzen. Aber gerade aus der chilenischen Heimat von *G. rosea* gibt es kaum für die Terrarienbepflanzung ge-eignete Arten, lediglich die aus Chile und Neuseeland stammen-den winterharten Strauchveronika der Gattung *Hebe* werden regel-mäßig angeboten. Daneben kann man auch auf dickblättrige, also trockenheitstolerante Pflanzen (so genannte Xerophyten) zurück-greifen, die eine Winterabkühlung vertragen. Hierzu eignen sich besonders Agaven. Zur Auswahl adäquater Arten siehe z. B. HELLER (2003).

In der subtropischen Heimat von *G. iheringii* im Süden Brasiliens finden sich neben Laubwäldern mit diversen Epiphyten und viel Unterwuchs auch die bekannten Auraukarienwälder, in deren Unterwuchs die als Balkonpflanze bekannte *Fuchsia* wächst, die man zur Bepflanzung eines Terrariums dieser Art verwenden kann.

Der Chaco, das Verbreitungsge-biet von *G. aureostriata*, ist domi-niert von Xerophyten, wie den dickblättrigen *Peperomia*, *Agava* und *Rhipsalis*, die man regelmäßig im Handel erhält.

Entscheidet man sich für eine Be-pflanzung, was ich nur empfehlen kann, ist natürlich ein Gießen der Pflanzen unabdingbar. Dies sollte aber nur in einem Maße gesche-hen, das den Pflanzen die rasche

Zur Bepflanzung von *G.-rosea*-Terrarien eignen sich verschiedene im Handel erhältlich dick-blättrige *Peperomia*-Arten (im Hintergrund) oder die chilenischen Strauchveronika der Gattung *Hebe* (im Vordergrund).

Aufnahme der Wassermenge erlaubt, sodass es nicht zu Staunässe kommt. Denn diese würde nicht nur der Spinne schaden, sondern ist auch gerade für die Pflanzen aus Trockenregionen schädlich. Da die Wurzelballen der Pflanzen das Wasser halten und es so viel langsamer verdunstet, wirkt sich dies auch positiv, in gewisser Weise stabilisierend, auf das Mikroklima im Terrarium aus. Bei *Grammostola* und auch *Brachypelma* konnte ich mehrfach beobachten, dass die Tiere ihre vorgegebenen Wohnröhren in einem mit lehmhaltiger Erde befüllten Terrarium besonders in den Bereich der Wurzeln der ohne Blumentopf eingepflanzten Agaven erweiterten. Dieselben Spinnen reagierten ansonsten sehr empfindlich auf Feuchtigkeit, sodass die Terrarien nahezu trocken waren, schienen aber die Feuchtigkeit der Agaven regelrecht zu suchen, auch wenn sie „einfach nur feuchten" Bodengrund vermieden.

Beleuchtung

Für Vogelspinnen als nachtaktive Tiere reicht Tageslicht theoretisch vollkommen aus. Es ist lediglich als Zeitgeber wichtig, um die Aktivitätsphase in der Dämmerung einzuleiten. Aus diesem Grunde kann im Normalfall auf eine künstliche Beleuchtung verzichtet werden. Dann sollte man sich aber auch keine allzu großen Hoffnungen machen, am Abend eine rege Aktivität der Spinne oder so etwas wie das „Sonnen" der Spinne oder sogar des Kokons unter einem Halogenspot beobachten zu können. Sollte das Terrarium aber bepflanzt sein, so ist unbedingt eine entsprechende Beleuchtung zu installieren. Die

Für ein 30 x 30 cm großes Terrarium reicht eine kleine Terrarienlampe vollkommen aus. Sie erwärmt das Terrarium auf ca. 26 °C.

Stärke der Beleuchtung richtet sich dabei nach der Größe des Terrariums und der Bepflanzung. Zum einen darf sie nicht zu stark sein, sodass das Terrarium überhitzt, zum anderen sollte sie ausreichend sein, damit die Pflanzen gedeihen. Für ein 30 cm breites Terrarium reicht eine im Handel erhältliche Terrarienlampe völlig aus. Diese Lampen kosten weniger als 20 € und verbrauchen mit 15 Watt weniger Strom als eine herkömmliche Glühbirne. Doch auch bei dieser geringen Wattzahl steigt die Temperatur direkt unter der Lampe auf nahezu 50 °C an. Liegt die Lampe direkt auf der Scheibe, besteht die Gefahr, dass diese springt. Zwei dünne Leisten unter der Lampe (ca. 3 mm) verhindern dies. Die abgegebene Wärme reicht aus, um ein 30-cm-Terrarium am Tage auf ca. 26 °C zu heizen. In der Nacht sollte die Lampe ausgeschaltet werden, sodass sich die Temperatur im Terrarium wieder auf ca. 20 °C senkt. Hält man *Grammostola* in einem größeren Terrarium (z. B. einem 60-cm-Becken), wie ich es nicht nur für die großen Arten empfehle, wie *G. mollicoma, G. iheringii* und *G. grossa*, sondern auch für die mittelgroßen Arten, wie *G. rosea*, so ist natürlich auch

eine entsprechend stärkere Beleuchtung zu wählen. Nicht nur als Beleuchtung, sondern auch als Beheizung haben sich Halogenspots bewährt (siehe auch unter „Heizung"), mit denen man in einem größeren Terrarium nicht nur Lichtakzente setzen, sondern das Terrarium auch lokal erwärmen kann. Dabei sollte vermieden werden, den Spot direkt auf den Eingang der Wohnröhre zu richten. Man lässt den Lichtkegel eher etwas entfernt davon einfallen, sodass der Boden um die Wohnröhre nicht zu stark erwärmt wird. Bei schon lange im Terrarium gehaltenen *Grammostola* kann man sehr schön beobachten, wie die Tiere bereits vor dem Ausschalten des Lichts aus ihrer Wohnröhre kommen, um sich noch einige Zeit zu „sonnen", bevor sie in der Dunkelheit nach Futter suchen.

Heizung

Auf eine zusätzliche Heizung kann normalerweise verzichtet werden, wenn das Terrarium mit einem Halogenspot oder einer Terrarienlampe (siehe nebenstehendes Bild) beleuchtet wird. Ein Vorteil dieser Beleuchtung ist, dass es zu einer Nachtabsenkung der Temperatur kommt. Zurzeit läuft eine Art

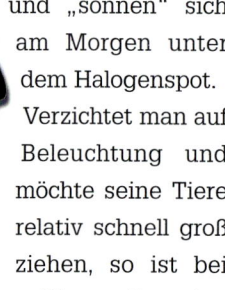

Bevor man ein Terrarium mit einer Spinne besetzt, sollte man zumindest zwei Tage zuvor die Temperatur mit einem Min/Max-Thermometer kontrolliert haben. Im Angebot finden sich verschiedene Thermometer: Alkohol-thermometer, Digitalthermometer mit Messsonde und Kombi-Thermometer/Hygrometer mit Messsonde (im Uhrzeigersinn von links).

Freilandversuch mit einigen *G. rosea* RF, die in nur mit je einem Halogenspot beheizten Terrarien (50 x 40 x 40 cm, mit 25–30 cm Bodengrund) gegen Frost geschützt im Freien untergebracht sind. Dort steigt die Temperatur tagsüber auf 25 °C unter dem Spot, nachts sinken die Werte auf unter 10 °C ab, wie im chilenischen Herbst/Winter. Die Tiere sind wie in ihrer Heimat auch noch bei 10 °C aktiv

und „sonnen" sich am Morgen unter dem Halogenspot.

Verzichtet man auf Beleuchtung und möchte seine Tiere relativ schnell groß ziehen, so ist bei größeren Terrarien oder einer ganzen Terrarienanlage meist auch eine zusätzliche Heizung nötig. Dies können ein Heizkabel oder eine Heizmatte sein, die an einer Seite des Terrariums, keinesfalls dagegen unter dem Terrarium befestigt werden sollten. In der Natur nimmt mit zunehmender Tiefe im Erdreich die Temperatur ab. Wird das Terrarium von unten beheizt, so steigt die Wärme mit zunehmender Tiefe. Eine grabende Spinne wie *Grammostola* versucht bei zu hoher Temperatur, sich tiefer in das Erdreich einzugraben, um die Hitze zu meiden. Bei einem von unten beheizten Terrarium wird es dann nach unten aber nicht kühler, sondern nur noch wärmer. Ist das Terrarium dagegen von einer Seite beheizt, kann die Spinne die Wärme einfach meiden, indem sie auf der gegenüber liegenden Seite gräbt und sich in kühlere Bodenschichten zurückzieht.

Allgemein empfehle ich – wie oben schon erwähnt – gerade für *Grammostola rosea*, aber auch für andere *Grammostola*-Arten eine Beleuchtung und Heizung mit Halogenspots, so das Terrarium ausreichend groß ist. Dabei sollte man den günstigsten Abstand zwischen Lampe und Terrarium überprüfen, indem man die Temperatur vor dem Einsetzen der Spinne über zumindest einige Tage misst. Die Temperatur sollte auf dem Boden nicht 30 °C überschreiten, bei nur wenig

Bodengrund und damit wenig Rückzugsmöglichkeit für die Spinne eher 25 °C. Dazu ist bei einem 20-W-Halogenspot ein Abstand vom Boden von ca. 15 bzw. 20 cm (bei geringem Bodengrund) notwendig, denn in 10 cm Abstand vom Spot entstehen noch mehr als 35 °C. Aus diesem Grunde eignen sich auch keine 50-W-Spots, da die Temperaturen in 10 cm Abstand noch deutlich über 45 °C liegen, außerdem ist natürlich auch der höhere Stromverbrauch zu bedenken. Generell sollte der Bodengrund aber natürlich so hoch wie möglich eingebracht werden.

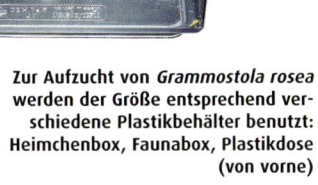

Zur Aufzucht von *Grammostola rosea* werden der Größe entsprechend verschiedene Plastikbehälter benutzt: Heimchenbox, Faunabox, Plastikdose (von vorne)

Pflege

VOGELspinnen sind sehr genügsame Pfleglinge, sie brauchen weder spezielle UV-Beleuchtung noch besonders mit Vitaminen und Kalzium angereichertes Futter. Bei der Haltung der Tiere muss man nur einige wenige Aspekte beachten, die im Folgenden dargestellt werden.

Fütterung

Eine Verzögerung im Fütterungsintervall hat kaum negative Folgen auf die Gesundheit eines wohlgenährten Tieres, vielmehr legt besonders *G. rosea* ohnehin teils monatelange Fastenzeiten ein. Dies ist aber kein Anzeichen von Krankheit oder Unwohlsein, sondern entspricht vielmehr dem natürlichen Rhythmus der Tiere. Nach einer Winterruhe öffnen sie ihre vor dem Winter sorgsam zugesponnenen Baue wieder im Frühjahr, wenn das Futterangebot stetig zunimmt. Dann beginnen sie wieder zu fressen. Da die Verfügbarkeit von Insekten ab dem Sommer wieder sinkt, legen die Spinnen während der Zeit des Futterüberflusses Reserven an, von denen sie dann während der Wintermonate zehren. Genau dieses Verhalten kann man auch bei frischen Importen aus Chile beobachten: Nach einer ausgeprägten „Fressphase", in der die Spinnen nahezu jedes angebotene Futter annehmen, nimmt ihr Appetit scheinbar grundlos ab. Dies kann man so erklären, dass die Spinnen sozusagen ihre Reserven aufgefüllt haben und jetzt auf den Winter „warten". Bietet man den Tieren dann eine kurze „Winterruhe" bei nur 15 °C für zwei Monate, beginnen sie danach wieder zu fressen, bauen einen Kokon und/oder häuten sich. Als Futtertiere eignen sich neben den in jedem Zoogeschäft mit Terraristikabteilung angebotenen Grillen und Heimchen besonders Schaben, die man entweder kaufen oder auch leicht selber züchten kann (siehe REPTILIA-Heft 49: Futtertierzuchten; FRIEDERICH & VOLLAND 2003). Sehr einfach in der Zucht und für erwachsene *Gram-*

> ### WUSSTEN SIE SCHON?
> Wenn *Grammostola rosea* lange Zeit fastet, ist dies normalerweise kein Zeichen von Krankheit oder Unwohlsein. Häufig verschließt sie dann auch den Eingang der Wohnröhre mit Erde und kommt mehr als einen Monat nicht mehr zum Vorschein. Sie legt sozusagen eine selbst gesetzte Winterruhe ein. In ihrer Heimat überdauern die Tiere so den Winter, der im Matorral Chiles auch Minusgrade erreichen kann.

mostola, sogar für die großen Arten (*G. mollicoma* NF, *G. iheringii*, *G. grossa*, *G. aureostriata*), gut geeignet ist *Blaptica dubia*, die Argentinische Schabe. Pflegt man nur ein einziges Tier, so haben sich die aus der chilenischen Heimat von *G. rosea* stammenden so genannten Tebo-Raupen als eine lang haltbare Alternative zu Grillen oder Schaben herausgestellt. Aufgrund ihrer Herkunft kann man die Raupen des Tebo-Holzbohres (*Chilecomadia moorei*) problemlos über drei und mehr Monate im Kühlschrank halten, ohne sie füttern zu müssen. So hat man immer Futter im Haus und kann bei Bedarf seine Spinne mit den Raupen versorgen.

Allgemein sollte man vor dem Verfüttern die Insekten einige Tage zuvor gut mit nährstoffreicher Nahrung angefuttert haben. Wie bei den meisten Vogelspinnen, so füttert man auch *Grammostola* nicht jeden Tag, da die Spinnen nach nur wenigen Tagen ihre Reserven aufgefüllt haben und keine Nahrung mehr annehmen. Nach einer Häutung sollte man mindestens eine Woche warten, ehe man wieder zu füttern beginnt. Nun kann auch an mehreren Tagen hintereinander Futter angeboten werden, denn die Spinne

Hält man nur eine einzige Spinne, ist eine Dose Heimchen meist zu viel. Eine günstige Alternative aus der Heimat von *G. rosea*: die Tebo-Raupe. Man kann sie über Monate im Kühlschrank lagern.

hat nahezu ihre gesamten Reserven für die Produktion der neuen Haut genutzt. Als gutes Futterungsintervall haben sich 2–3 Wochen herausgestellt, dann sind die Spinnen hungrig und nehmen problemlos 5–6 Grillen hintereinander oder eine große Schabe. Kündigt sich eine Häutung an (siehe Kapitel „Häutung"), so sollten alle lebenden Futtertiere, besonders Grillen, aus dem Terrarium entfernt werden, da sonst die Gefahr besteht, dass die Insekten die nach der Häutung noch weiche,

 47

verteidigungsunfähige Spinne anfressen, sodass diese „ausblutet" und stirbt.

Wasser

Auch wenn die Sommer in Chile sehr trocken sind, so ist *G. rosea*, wie die meisten Vogelspinnen, sehr anfällig gegen Austrocknen und benötigt eine ausreichend feuchte Umgebung. Auch darum graben die Tiere in der Natur häufig tief. Im Terrarium muss daher – man kann das gar nicht oft genug wiederholen – ein ausreichend hoher, in den unteren Bereichen leicht feuchter, ca. 7–10 cm hoher Bodengrund angeboten werden. Gleichzeitig sollte aber auch zur Sicherheit eine flache Schale mit Wasser angeboten werden, sodass die Spinne nach Bedarf trinken kann. Außerdem hat man so eine einfache Möglichkeit zu sehen, ob die Spinne einen feuchteren oder trockeneren Bodengrund bevorzugt. Halten sich eine *G. rosea* oder eine andere Vogelspinne häufig am oder sogar im Wassernapf auf, so bevorzugt sie offensichtlich einen feuchteren Bodengrund. Beobachtet man dies, sollte der Bodengrund daher angefeuchtet werden. Meidet die Vogelspinne dagegen den Wassernapf und hält sich an einer möglichst weit entfernten, trockenen Stelle im Terrarium auf, sollte man den Bodengrund ein wenig mehr antrocknen lassen. Die Arten aus Südbrasilien (wie *G. iheringii* und *G. mollicoma*) sollten insgesamt feuchter gehalten werden, aber auch ihre Präferenzen kann man mit einem Wassernapf einfach selbst austesten.

Reinigung

Eine gründliche Reinigung von *Grammostola*-Terrarien ist normalerweise höchstens einmal im Jahr nötig. Im Regelfall beschränken sich die Reinigungsarbeiten auf das Entfernen von Futterresten und das Putzen der Scheiben. Dabei ist penibel darauf zu achten, dass alle Futterreste entfernt werden, denn diese können mögliche Erkrankungen begünstigen. Neben Schimmelbildung können auch Milben oder Fadenwürmer (Nematoden) auftreten. Letztere beiden sieht man mit bloßem Auge kaum, wohl aber die ebenfalls auftretenden Fliegen der Familie

> **DER PRAXISTIPP**
> Ungewünschte Mitbewohner, wie Milben, Nematoden und Buckelfliegen, lassen sich durch penible Entfernung von Futterresten vermeiden. Durch das Einsetzen von Asseln, wie den heimischen Keller- und Maurerasseln (*Porcellio scaber* bzw. *Oniscus asellus*) oder den tropischen „Weißen Asseln" (*Trichorhina tomentosa*), können die Futterreste auch „biologisch abgebaut" werden.

Phoridae. Diese Buckelfliegen können bei Massenauftreten sehr lästig sein, da sie durch jeden noch so kleinen Spalt kommen und bald bei allen Spinnen auftreten. Darüber hinaus sollte zur Reinigung der Scheiben nur Küchenpapier genutzt und bewusst auf einen Lappen für mehrere Terrarien verzichtet werden. Mit einem feuchten Lappen können ungewollt mögliche Krankheitserreger und Parasiten leicht von einem zum nächsten Terrarium verbracht werden.

Um Parasitenbefall von vornherein auszuschließen bzw. zu minimieren, ist gründliches Reinigen des Terrariums von Futterresten unabdingbar. Hat man dagegen schon Parasitenbefall in seinen Becken, so sollten alle infizierten Tiere von dem übrigen Bestand isoliert werden. Bei übermäßigem Auftreten von Buckelfliegen sollte man zuerst die Feuchtigkeit der Terrarien deutlich reduzieren und die erwachsenen Fliegen mit durchsichtigen Klebefallen abfangen. Nematodenbefall kann man im Anfangsstadium durch trockenere Haltung ebenfalls einschränken, bei fortgeschrittenem Befall muss allerdings mit Medika-

> **DER PRAXISTIPP**
> Vogelspinnen scheiden nur wenig Kot aus, den platzieren sie aber meist an den Terrarienscheiben. Um den Kot leicht zu entfernen, hat es sich bewährt, warmes Wasser und einen Topfreinigerschwamm zu benutzen. Sollte der Kot eingetrocknet sein, so kann man diesen kurz mit Wasser überwischen und ein paar Minuten einweichen lassen. Bei ganz hartnäckigem Schmutz benutze ich statt einer flexiblen Rasierklinge die starre Klinge eines großen Cutters, mit dem man auch diesen Kot leicht entfernt bekommt.

menten behandelt werden (SCHNEIDER 2004).

Bei Exemplaren von *Grammostola rosea*, die eine Winterruhe halten, und natürlich auch bei den anderen *Grammostola*-Arten, sollte die Komplett-Reinigung einige Zeit nach der Häutung im Sommer stattfinden, die Spinne aber nicht in der Winterruhe gestört werden.

Grammostola aureostriata **beim Fressen einer Schabe**

Vermehrung

ERFOLG
reiche Haltung einer *Grammostola rosea* und die Beobachtungen der verschiedenen Verhaltensweisen beim Fressen, Häuten etc. lassen bald den Wunsch entstehen, auch eine Paarung und den Kokonbau einmal live zu erleben. Dieser Wunsch ist bei allen Vogelspinnen-Arten zu begrüßen und zu unterstützen, denn jede erfolgreiche Nachzucht vermeidet zusätzliche Importe und trägt so ein wenig zum Schutz der natürlichen Populationen bei.

Paarungsvorbereitung

Bevor Spinnenmännchen sich paaren können, müssen die Spermien aus den Geschlechtsorganen im Hinterleib in die Kopulationsorgane, die Bulben an den Tastern, gelangen. Dazu bauen die Männchen ein so genanntes Spermanetz zwischen einer Wurzel oder einem Stein und dem Boden. In der Mitte des Netzes weben sie zum Schluss mit dem ventralen Spinnfeld ein sehr feines Gespinst, auf dem das Sperma von unten abgesetzt wird.

Das Weibchen von *Grammostola rosea* (links) richtet sich bei Berührung durch das Männchen (rechts) auf,...

Nun kriechen die Männchen wieder über das Spermanetz, greifen mit den Tastern darunter und nehmen mit Hilfe der pipettenartigen Bulbi das Sperma auf. Erst jetzt, nachdem die Bulben mit Sperma gefüllt sind, ist das Männchen paarungsbereit. Meist ist am nächsten Morgen im Terrarium nicht mehr viel vom Spermanetz zu sehen, denn die Männchen fressen es nach dem Füllen der Taster auf. Bei *Grammostola mollicoma* SF dauert der gesamte Akt des Spermanetzbaus zwei Stunden (COSTA & PÉREZ-MILES 2002).

Hat man ein erwachsenes und paarungsbereites Männchen, das leicht am schlankeren Körperbau und den deutlich sichtbaren verdickten Bulbi am Ende der Taster und den Tibiaapophysen zu erkennen ist, so braucht man nur noch ein erwachsenes und paarungsbereites Weibchen. Leider lassen sich weder die Paarungsbereitschaft noch die Geschlechtsreife beim Weibchen so einfach feststellen wie beim Männchen. Alleine die Größe des Weibchens (Carapaxlänge 2 cm; Körperlänge 5–6 cm) kann als ungefährer Indikator

... daraufhin versucht das Männchen seine Tibiaapophysen in den Chelizeren des Weibchens einzuhaken.

herangezogen werden, denn bei den meisten importierten Tieren ist es nicht möglich, das Alter zu bestimmen. Die Paarungsbereitschaft lässt sich aber dennoch nicht ohne weiteres diagnostizieren, sodass man „einfach" ausprobieren muss, ob das Weibchen empfängnisbereit ist. Wichtig ist aber, dass das Weibchen vor einer möglichen Paarung gut gefüttert wurde und nicht in Winterruhe ist. Der Beginn der Paarungszeit in der Natur kündigt sich meist durch das verstärkte Auftreten von Männchen an, bei *G. rosea*

liegt sie in den Monaten April bis Mai, bei *G. aureostriata* im Oktober bis November und bei *G. mollicoma* im Dezember sowie noch einmal weniger ausgeprägt von April bis Mai.

Paarungsbecken

Um die (erste) Paarung besser beobachten zu können, hat sich ein Paarungsbecken als günstig erwiesen. Eine geeignete Möglichkeit für ein solches Paarungsbecken stellt ein ungefähr 60 cm breites Aquarium mit Abdeckung dar. Dieses richtet man nur sehr

Kurz vor der Kopulation: Das Weibchen knickt wenige Augenblicke später ab, und das Männchen kann seine Kopulationsorgane einführen.

„übersichtlich" ein: ausreichend Bodengrund sowie ein Versteck. Dann setzt man das Weibchen für mehrere Tage in dieses Becken. Im Normalfall nimmt es das angebotene Versteck an und zieht sich tagsüber dorthin zurück. Während der nächtlichen Streifzüge durch das Terrarium hinterlässt es dabei Spinnfäden, anhand derer das Männchen dann auch mit seinen sensiblen Chemorezeptoren auf den Tastern die Anwesenheit des Weibchens wahrnehmen kann.

Die Paarung

Das Weibchen von *Grammostola rosea* wurde vor der Paarung sehr gut gefüttert (2–3 Mal pro Woche), sodass das Risiko von Kannibalismus von vornherein minimiert wird.

Paarungsbereite Männchen beginnen nach dem Einsetzen und dem Kontakt mit der weiblichen Spinnseide gewöhnlich mit ihrem interessanten Balzritual. Zuerst trommeln sie mit den Tastern auf den Boden, worauf das paarungsbereite Weibchen ebenfalls mit den Tastern und dem ersten Beinpaar trommelnd antwortet. Bei *Grammostola* kommt es nur selten zu Aggressionen des Weibchens gegenüber dem Männchen, geschweige denn zu Kannibalismus.

Der Bulbus an der Spitze des Tasters ist deutlich beim Männchen zu sehen.

Entwicklung

Bisher sind nur wenige erfolgreiche Nachzuchten besonders von *Grammostola rosea* bekannt, denn der Großteil der angebotenen Tiere sind immer noch Wildfänge. Dies liegt daran, dass viele Halter ihre Spinnen zwar erfolgreich verpaaren, aber das

WUSSTEN SIE SCHON?
Das Paarungsverhalten lässt sich in drei Phasen einteilen (nach SHILLINGTON & VERRELL 1997):
1. „(leg) tapping": Gleichzeitiges, ruckhaftes und heftiges Schlagen mit den Vorderbeinen und Tastern
2. „palpal drumming": Abwechselndes Trommeln mit den Tastern
3. „quiver": Hochfrequentes Vibrieren mit dem ganzen Körper mit einer niedrigen Amplitude

ganze Jahr über unter konstanten klimatischen Bedingungen halten, sodass es nicht zum Kokonbau kommt.

Nach einer erfolgreichen Paarung im Herbst schreitet das Weibchen normalerweise (die entsprechende klimatische Stimulation vorausgesetzt) im Frühjahr zum Kokonbau.

Am besten ist die frühe Entwicklung bei *Grammostola burzaquensis* und *G. pulchripes* dokumentiert. In den 1960er-Jahren wurden von IBARRA GRASSO (1961) und auch GALIANO (1969) in Argentinien Arbeiten über diese beiden Arten publiziert. IBARRA GRASSO betrachtet die gesamte Entwicklung und gibt die Entwicklungsdauer bis zum Adultus für *G. burzaquensis* mit sechs Jahren an. Dabei erscheinen einige Häutungszeiträume etwas lang, besonders in den ersten Stadien. Die Arbeit von GALIANO dagegen befasst sich gerade mit den ersten Stadien der Entwicklung von *G. pulchripes*; später widmet sie sich auch weiteren Theraphosiden (GALIANO 1973).

Neben diesen Arten liegen sehr umfangreiche Daten nicht nur für

Nach der Winterruhe bauen *Grammostola rosea* ihren Kokon, der 200-300 Eier enthält und von den Weibchen umhergetragen wird.

Grammostola, sondern auch für die übrigen Vogelspinnen Uruguays vor (Costa & Pérez-Miles 2002). Über mehr als 20 Jahre wurden Beobachtungen im Laboratorium wie auch in der Natur gemacht: Nach der Paarung dauert es bei *Grammostola*–Arten meist 2–3 Monate, ehe die Weibchen einen Kokon bauen. Zuerst weben sie einen dichten Gespinstteppich und spinnen diesen und sich selbst in eine Kugel aus Spinnseide ein. Die Eier werden dann auf dem Gespinstteppich abgelegt. Erst jetzt, bei der Eiablage, kommen die Eier im Uterus externus mit den Spermien in Kontakt, sodass die Befruchtung der Eizelle während bzw. nach der Eiablage stattfindet. Dies ist auch der Zeitpunkt, zu dem die Entwicklung im Ei beginnt. Die Embryonalentwicklung bis zur ersten Häutung dauert knapp drei Wochen. Die Eihülle, das so genannte Chorion, reißt auf, und das erste Stadium, die so genannen Prälarve, wird sichtbar. In diesem Stadium ähneln die jungen Spinnen mit ihrem riesigen Dottervorrat im Hinterleib sehr einer mit Blut voll gesogenen Zecke. Nach einer weiteren Häutung, etwa zwei Wochen später, sieht der Nachwuchs schon aus wie kleine, unbehaarte Spinnen.

In diesem, dem Larvenstadium, verlassen die Jungspinnen den Kokon und bleiben noch bis zur nächsten Häutung in der mütterlichen Wohnhöhle. Nach dieser Häutung sind die Jungtiere schon nahezu vollständig entwickelt, allerdings noch nicht so stark behaart wie die erwachsenen oder halbwüchsigen Tiere, und sie sehen sehr hell aus. Dagegen kann man schon deutlich die schwarzen Brennhaare auf dem Hinterleib erkennen.

> **WUSSTEN SIE SCHON?**
> Wie alt werden Vogelspinnen? Bei dieser Frage hört man häufig von Haltern „20-30 Jahre", doch haben die Wenigsten von diesen je eine Spinne so lange selbst gepflegt. Meine älteste Spinne, eine *Grammostola grossa*, wurde gut 20 Jahre alt, bevor sie an einer Nematodeninfektion (also nicht altersbedingt) starb. Belegte Nachweise für *G. mollicoma* aus Uruguay zeigen, dass *Grammostola* zu den langlebigsten Spinnen überhaupt gehören. So pflegten Costa & Pérez-Miles (2002) ein Weibchen sogar 30 Jahre – zehn Jahre, ehe es erwachsen war, und dann noch mal 20 Jahre als erwachsenes Tier.

Aufzucht

Die Aufzucht bei *Grammostola rosea* dauert verhältnismäßig lange, auch für eine *Grammostola*. So wuchsen frisch geschlüpfte *G. rosea* kaum mehr als 1–2 cm innerhalb eines Jahres, bei relativ konstanten Temperaturen von 25 °C (M.-L. Céleriër, pers. Mittlg.). Bei gleicher Pflege waren die baumbewohnenden afrikanischen *Stromatopelma calceatum* schon fast adult. Aber auch bei *G. aureostria-ta* aus dem Gran Chaco Paraguays und Argentiniens geht die Entwicklung verhältnismäßig rasch vor sich. So wurden *G. aureostriata* schon im Laufe eines Jahres bis zu einer Größe von 4 cm aufgezogen (J. LOSER, pers. Mittlg.).

Die lange Entwicklungszeit bei *G. rosea* verwundert bei der Berücksichtigung der Herkunft nicht, denn während der Wintermonate ruhen die Tiere in ihren verschlossenen Wohnröhren, und der Stoffwechsel ist auf ein Minimum „gedrosselt". Ähnliches ist auch bei den Vertretern der Gattung *Aphonopelma* aus dem Süden der USA zu beobachten, die eine ähnlich lange Entwicklungszeit mit Winterruhe haben. Allerdings bietet dies auch Vorteile bei der Haltung, da diese Vertreter sehr tolerant gegenüber niedrigen Temperaturen sind.

Kurz nach dem Schlupf aus dem Kokon sieht man schon deutlich die Brennhaare auf dem Hinterleib dieser kleinen *Grammostola rosea*.

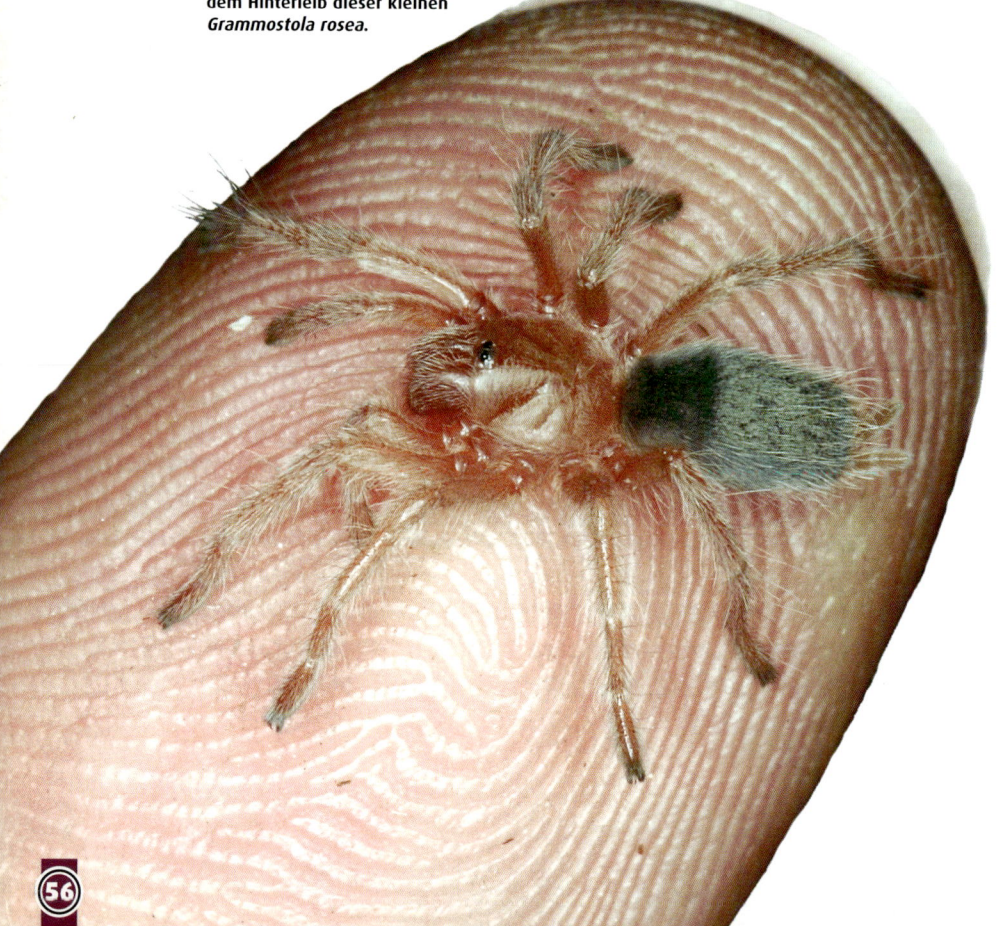

Auch unter identischen Aufzuchtbedingungen wachsen manche Tiere deutlich schneller bzw. langsamer als andere. Diese Spinne ist zwei Häutungen weiter und deutlich größer als ihr gleichaltriges Geschwistertier (siehe S. 27 unten).

Frisch geschlüpfte *Grammostola* können während der ersten Monate in mit Luftlöchern versehenen durchsichtigen Kleinbildfilmdosen untergebracht werden. Nach 1–2 weiteren Häutungen können die Tiere in kleine Soßenbecher mit einigen Zentimeter Bodengrund und Lüftung oder schon in Heimchendosen umgesetzt werden. In Letzteren können sie bis zu einer Größe von 3 cm aufgezogen werden. Danach kann man sie in Standardterrarien (Grundfläche 20 x 30 x 20 cm) umsetzen, worin sie dauerhaft gepflegt werden können. Allerdings sind die Gestaltungsmöglichkeiten sowohl für die Spinne als auch für den Halter in einem kleineren Terrarium sehr beschränkt. Besser ist es daher, mindestens 30 x 30 x 25 cm große Terrarien zu verwenden. Diese sind zwar nicht viel größer, aber aufgrund der zumeist höheren Frontstege in der Handhabung sehr viel praktischer.

Winterruhe im Terrarium

WIE zuvor schon mehrfach erwähnt, bevorzugt *Grammostola* häufig niedrigere Temperaturen und kommt auch in Gebieten mit gelegentlichen Nachtfrösten vor. Dies ist auch bei der Terrarienhaltung zu bedenken, allerdings gibt es z. T. Unterschiede zwischen den einzelnen Arten. So ist der Winter in Chile, dem Verbreitungsgebiet von *Grammostola rosea*, kühl und feucht, der Sommer dagegen trocken und heiß. Bei *G. aureostriata* im Gran Chaco Paraguays ist der Winter kühl und trocken, der Sommer dagegen heiß und feucht.

Bei den *Grammostola*-Arten aus Brasilien und Uruguay, wie *G. mollicoma* und *G. iheringii*, findet man keine so starken Schwankungen in den Niederschlägen, sondern hauptsächlich in der Temperatur.

Was bedeutet dies für die Haltung im Terrarium? Insgesamt sollte auf eine Winterruhe bei allen *Grammostola*-Arten nicht verzichtet werden, allerdings sollten die Terrarien unterschiedlich gewässert/befeuchtet werden. So wird *G. rosea* im Winter kühl und feucht gehalten, wohingegen *G. aureostriata* im Winter trocken und kühl gepflegt wird, im Sommer feuchter und warm. Die anderen Arten, wie z. B. *Grammostola mollicoma* NF, können über das ganze Jahr feuchter gehalten werden, sollten aber auch eine Winterabkühlung genießen.

> ● **WUSSTEN SIE SCHON?**
> Wie groß werden die *Grammostola*-Arten?
> Große Arten (8-9 cm):
> *Grammostola actaeon*
> *Grammostola aureostriata*
> *Grammostola mollicoma*
> *Grammostola grossa*
> *Grammostola iheringii*
> Mittlere Arten (5-6 cm):
> *Grammostola rosea*
> *Grammostola alticeps*
> *Grammostola fossor*

Resümee

ROTE Chile-Vogelspinnen sind nicht nur wegen ihrer hübschen roten Färbung, des günstigen Preises und des zumeist ruhigen Temperaments die typischen „Anfängerspinnen", die wohl jeder Vogelspinnenhalter einmal gepflegt hat. Zwei weitere große Vorteile von *Grammostola rosea* sind ihre große Temperaturtoleranz und die Fähigkeit, auch monatelange Fastenzeiten problemlos zu überstehen. So steckt diese Spinne selbst mögliche anfängliche Haltungsfehler weg, ohne größere

Mit zunehmendem Alter nimmt die Behaarung bei *Grammostola rosea* stetig zu.

Schäden davonzutragen. Solche Haltungsfehler oder Probleme mit *Grammostola rosea* beruhen eigentlich nur auf fehlender Kenntnis des Habitats und der dort herrschenden klimatischen Bedingungen. Die Durchschnittstemperatur über das Jahr liegt dort nur bei knapp 20 °C und sinkt im Winter auf gerade einmal 10 °C (mit Nachtfrösten), der Niederschlag fällt im Westen der Anden nur saisonal als Winterregen. All dies macht eine Überwinterung für eine erfolgreiche Zucht unabdingbar.

Dank

EIN besonderer Dank gilt meiner Kollegin Marie-Louise Célérier, Institut Universitaire de Formation des Maitres (IUFM), Paris, für die Information über die Aufzuchten verschiedener Vogelspinnen, u. a. *Grammostola rosea*, sowie für die Möglichkeit, Fotos im Labor anzufertigen. Weitere wichtige Informationen zur Aufzucht sowie Tiere für die hier gezeigten Fotos wurden mir von Sascha Esser (Uckerath), Peter Grabowitz (Köln), Peter Klaas (Köln), Joachim Loser (Daun), Jens Reifenrath (Köln), Thomas Schlumm (Siegburg) und Mario Staib (Radolfzell) bereitgestellt.

Informationen zum Habitat von *Grammostola rosea* verdanke ich Heiko Werning (Berlin), Klaus Busse (Bonn) und besonders Pedro Avaria (Bochum) sowie Cristian Xavier Pérez Apablaza (Rengo, Chile). Angaben zum Habitat von *Grammostola iheringii* und *G. mollicoma* verdanke ich Peter Klaas und Dieter Scholz (Bonn), solche vom Lebensraum von *G. aureostriata* Sabine und Thomas Vinke (Paraguay). Zu besonderem Dank bin ich meinen Kollegen Rogério Bertani (Instituto Butantan, Sao Paolo, Brasilien) und Fernando Pérez-Miles (Sección Entomología, Facultad de Ciencias, Montevideo, Uruguay) verpflichtet, die nicht nur mit Informationen zum Habitat, sondern auch mit bisher unveröffentlichten Ergebnissen weiterhalfen.

> ● **WUSSTEN SIE SCHON?**
>
> Das DRACO-Themenheft 16 (4), 2003, befasst sich ausschließlich mit Vogelspinnen, darunter auch ein ausführlicher Artikel über die Häutung bei *Grammostola rosea*. Zu bestellen beim Natur und Tier - Verlag (Adresse unter „Zeitschriften". Außerdem bereitet der Natur und Tier - Verlag gerade zwei Vogelspinnen-Bücher vor, das eine von MARTIN MEINHARDT, das andere von mir.

Weitere Informationen

ZUR Vertiefung der in diesem Buch gegebenen Informationen und zum umfassenderen Einblick in terraristische und arachnologische (spinnenkundliche) Themenbereiche empfehlen sich die Mitgliedschaft in einem Verein gleich gesinnter Terrarianer sowie ein intensives Literaturstudium. Die folgenden Auflistungen sollen dabei behilflich sein, einen Einstieg in die Thematik zu finden, können aber natürlich nur einen kleinen Ausschnitt aufzeigen.

Zum Schluss möchte ich mich noch bei Barbara Zoller, Euskirchen, für die Durchsicht des Manuskripts und beim Natur und Tier - Verlag für die wiederholt gute Zusammenarbeit bedanken, im Besonderen bei Matthias Schmidt, Heiko Werning und Kriton Kunz für das Lektorat und bei Ludger Hogeback für das Layout.

Viel Spaß mit ihrer Roten Chile-Vogelspinne!

Vereine und Interessengruppen

▪ DeArGe – Deutsche Arachnologische Gesellschaft
Mitgliederzeitschrift ARACHNE
Marion Heller-Dohmen,
Goldtäleweg 11,
70327 Stuttgart,
E-Mail: info@dearge.de,
www.dearge.de

▪ ZAG (Zentrale Arbeitsgemeinschaft) Wirbellose
Mitgliederzeitschrift
ARTHROPODA
Ingo Fritzsche,
Heinrich-Heine-Str.9,
38855 Wernigerode,
E-Mail: arthropoda@t-online.de

Zeitschriften

▪ REPTILIA
Terraristik-Fachmagazin,
erscheint sechsmal jährlich
Natur und Tier - Verlag GmbH;
An der Kleimannbrücke 39/41;
48157 Münster; Tel.: 0251-13339-0; E-Mail: verlag@ms-verlag.de; www.ms-verlag.de

▪ DRACO
Terraristik-Themenheft

erscheint viermal jährlich
Natur und Tier - Verlag GmbH,
s. o.

DATZ – Die Aquarien- und Terrarien-Zeitschrift
erscheint monatlich
Verlag Eugen Ulmer, Wollgrasweg 41, 70599 Stuttgart,
Fax: 0711-4507120,
www.datz.de

Beispiele für regelmäßige Vogelspinnen- und Terraristik-Börsen:
▪ Terraristika Hamm, Zentralhallen
▪ Vogelspinnen-Börse Stuttgart, Kornwestheim
▪ Terraristik-Börse Karlsruhe/Neureut
Weitere Termine sind regelmäßig der REPTILIA zu entnehmen.

Verwendete und weiterführende Literatur

BERTANI, R. & C. SAYURI FUKUSHIMA (2004): *Polyspinosa* SCHMIDT, 1999 (Araneae, Theraphosidae, Eumenophorinae) is a Synonym of *Grammostola* SIMON, 1892 (Araneae, Theraphosidae, Theraphosinae). – Revista Ibérica de Aracnología 9 329-331.

BÜCHERL, W. (1956): Südamerikanische Spinnen und ihre Gifte. – Arzneimittel Forschung 6 293-297.

COSTA, F. G. & F. PÉREZ-MILES. (2002): Reproductive biology of Uruguayan Theraphosids (Araneae, Mygalomorphae). – Journal of Arachnology 30 (3): 571–587.

FRIEDERICH, U. & W. VOLLAND. (2003): Futtertierzucht - Lebendfutter für Vivarientiere. - Eugen Ulmer Verlag, Stuttgart, 188 S.

GALIANO, M. E. (1973): El desarrollo postembrionario larval en Theraphosidae (Araneae). – Physis, Buenos Aires (C) 32 (84): 37–46.

KLAAS, P. (2003): Vogelspinnen. – Eugen Ulmer Verlag, Stuttgart, 142 S.

MARSHALL, S. D. & G. W. UETZ. (1990): Incorporation of urticating hairs into silk: a novel defense mechanism in two neotropical tarantulas (Araneae, Theraphosidae). – Journal of Arachnology 18 (2): 143–149.

MELLO-LEITÃO, C. F. d. (1923): Theraphosoideas do Brasil. – Revista do Museu paulista 13: 1–438.

PÉREZ APABLAZA, C. X. (2002): Notas acerca de la Biodiversidad asociada al Hábitat de la especie *Grammostola rosea* (F.O.P. - CAMBRIDGE, 1897); En las localidades de "Cerro Popeta", "Cerro San Luis", y "Cerro Puente Las Truchas". Región central de Chile. – wird vom Autor vertrieben.

- (2003): Notas sobre las Variaciones Poblacionales que presenta *Grammostola rosea* (F.O.P. - Cambridge, 1897), por utilización antrópica del habitat, en 3 localidades de la Región Central de Chile. (Cerro Popeta, Cerro San Luis, y Cerro Puente las Truchas, VI región, Chile). – wird vom Autor vertrieben.

PÉREZ-MILES, F., S. LUCAS, P. I. DA SILVA JUNIOR & R. BERTANI. (1996): Systematic revision and cladistic analysis of Theraphosinae (Araneae: Theraphosidae). – Mygalomorph 1 33–68.

RAVEN, R. J. (1985): The spider infraorder Mygalomorphae (Araneae): Cladistics and systematics. – Bulletin of the American Museum of Natural History 182: 1–180.

SCHMIDT, G. E. W. (2001): Die *Grammostola iheringi*-Gruppe. – Arachnida (Schweiz) 9 (39): 52–55.

SCHMIDT, G. E. W. & M. BULLMER. (2001): *Grammostola aureostriata* sp. nov., ein Vertreter der *Grammostola iheringi*-Gruppe (Araneae: Theraphosidae, Theraphosinae) aus Argentinien und Paraguay. – Entomologische Zeitschrift 111: 173–176.

SCHNEIDER, F. (2004): „Schaum vorm Maul", ein alt bekannter Vogelspinnenparasit und seine Folgen. – ARACHNE 9 (2): 4–11.

SHILLINGTON, C. & P. VERRELL. (1997): Sexual strategies of a North American „Tarantula" (Araneae: Theraphosidae). – Ethology 103: 588–598.

STRIFFLER, B. F. (2004): Die Rotknievogelspinne - *Brachypelma smithi*. – Natur und Tier - Verlag, Münster, 64 S.

STRIFFLER, B. F. & T. ZIEGLER. (2003): „Ecdysis" - wenn Vogelspinnen aus der Haut fahren. – DRACO 16(4): 20–25.

WALTER, H., E. HARNICKELL & D. MUELLER-DOMBOIS. (1975): Klimadiagramm-Karten der einzelnen Kontinente und die ökologische Klimagliederung der Erde - Eine Ergänzung zu den Vegetationsmonographien. – Gustav Fischer Verlag Stuttgart. 36 S. + 9 Kartenblätter.

WEINMANN, D. (2001): Verteidigungsverhalten und Einbau von Haaren in Kokonhüllen der Vogelspinne *Megaphobema robustum* (AUSSERER, 1875) (Araneae, Theraphosidae, Theraphosinae). – Arthropoda 9 (3): 21–25.